PINGMIANSHEJI

平面设计
Photoshop CS6

职业教育多媒体应用技术专业教学用书

主 编 王 维

华东师范大学出版社
上海

图书在版编目(CIP)数据

平面设计 Photoshop CS6/王维主编. —上海:华
东师范大学出版社,2013.4
ISBN 978 - 7 - 5675 - 0652 - 7

Ⅰ.①平… Ⅱ.①王… Ⅲ.①图像处理软件-中等
专业学校-教材 Ⅳ.①TP391.41

中国版本图书馆 CIP 数据核字(2013)第 088531 号

平面设计 **Photoshop CS6**

职业教育多媒体应用技术专业教学用书

主　　编　王　维
责任编辑　蒋梦婷
装帧设计　徐颖超

出版发行　华东师范大学出版社
社　　址　上海市中山北路 3663 号　邮编 200062
网　　址　www.ecnupress.com.cn
电　　话　021 - 60821666　行政传真 021 - 62572105
客服电话　021 - 62865537　门市(邮购)电话 021 - 62869887
地　　址　上海市中山北路 3663 号华东师范大学校内先锋路口
网　　店　http://hdsdcbs.tmall.com

印 刷 者　杭州日报报业集团盛元印务有限公司
开　　本　787 毫米×1092 毫米　1/16
印　　张　16
字　　数　310 千字
版　　次　2013 年 7 月第 1 版
印　　次　2024 年 12 月第 15 次
书　　号　ISBN 978 - 7 - 5675 - 0652 - 7/G·6435
定　　价　36.00 元

出版人　王　焰

出版说明

CHUBANSHUOMING

本书是职业教育多媒体应用技术专业的教学用书。

本书以 Adobe Photoshop CS6 为教学软件，以项目教学和任务驱动为编写原则，任务的设计贴近学生的生活，生动有趣，在吸引学生的同时培养其实际的操作能力。

具体栏目设计如下：

知识点和技能：简要介绍各章要求掌握的知识要点和操作技能。

范例：针对知识点和操作技能设计的范例项目，加以详细的解题分析。

范例项目小结：对每个范例项目的归纳小结。

小试身手：模仿范例的活动项目，使学生巩固通过范例所学到的知识和技能。

设计结果：每个项目首先给出任务目标，以效果图的方式说明项目完成后的效果。

设计思路：讲解完成项目的大致思路，培养学生对项目的理解和设想能力。

范例解题导引：图文并茂的讲解，引导学生从模仿、体会，到熟练完成项目任务。

小贴士：在栏目讲解过程中适时出现的提示。

为了方便老师的教学活动，本书还配套有：

《平面设计实训 Photoshop CS6》：书中使用了大量案例，与本书各章节的知识点、技能技巧、案例分析互为补充，可供学生练习使用。

教学资源请至 have. ecnupress. com. cn 搜索"平面设计 CS6"下载。

华东师范大学出版社

2013 年 6 月

编者的话

如今，Photoshop 已经广泛深入到我们生活的各个领域。无论是广告设计、产品包装、报纸插图、杂志封面，还是网页图画，只要有图像出现的地方，都能找到 Photoshop 的影子。Photoshop 是一款平面设计的大师级软件，CS 系列的诞生，更使它上升到了"图像处理中心"的地位。Photoshop 除了具有强大的功能之外，还具备了人性化、易学易用的特点，这就使得这款软件不但成为专业人员的最爱，也使许多非专业人士借助它而圆了平面设计的梦想。

党的二十大报告强调，"素质教育是教育的核心，教育要注重以人为本、因材施教，注重学用相长、知行合一"。适合的教育是最好的教育，每个学生的禀赋、潜质、特长不同，学校要坚持以学生为本，注重因材施教。

本书主要以 Photoshop CS6 为介绍对象，使学习者掌握图形、图像的基本操作。按照图形、图像设计的应用大类和知识技能学习的渐进性，本书分成"基础篇"、"提高篇"和"扩展篇"三篇共九章。

全套教材包括《平面设计 Photoshop CS6》和《平面设计实训 Photoshop CS6》两册。

两册教材都使用了大量的案例且分析详尽，教材中的知识点、技能技巧、案例讲解互为补充，可单独使用，也可配套使用。

在章节和内容的安排上，本书试图打破"重理论、轻实践"的传统教材模式，也试图打破只讲操作、不明道理的"百例"模式，而是将理论和实践有机地结合起来。虽然不刻意追求知识点的系统性、完整性，但也注重知识和技能在学习上的循序渐进性。每个章节介绍一种知识技能，安排两个实训项目。在项目的设计上，强调"任务驱动"的教学理念，通过项目的完成，让学生在实践过程中领会知识点、体会各种不同的技能、创造出具有自己特色的设计风格。

本书在编写过程中充分考虑了职业学校学生的实际情况和今后的就业需求，教材中所设计的项目尽量贴近生活、贴近实际应用。内容安排上尽量做到寓教于乐，使学生在实现一个个具体项目的过程中，充分感受到设计、创作的满足感和成就感，从而使他们在学习和实践的过程中逐步加深对一些图像处理基本概念的理解，逐步熟练有关的技巧和技能，做到举一反三、融会贯通，在学习和模仿的基础上，勇于自我探索，用自己的创意，用自己的方法来设计相关的平面作品。

在《平面设计 Photoshop CS6》的栏目设计上我们做了这样一些安排：

（1）知识点和技能：本书作为教材，不同于其他纯粹以操作步骤为内容的参考书籍，而是在每个章节的开头，通过本栏目向学生简要介绍将要涉及的一些理论知识、概念以及操作上的技能技巧。目的是使学生在实践的过程中不但要"知其然"，更是要尽可能地"知其所以然"。

（2）范例：每节安排一个针对知识点和设计技能的范例项目，并作详细解题分析。

（3）范例项目小结：在每个范例项目完成后，本书都适时地对其进行归纳小结，将知识点和技能进一步提炼和巩固。由于这项工作是在学生已经顺利完成范例项目任务的基础上进行的，因此教师可以给予学生以结论性的指导意见。

（4）小试身手：在每个范例项目之后，再安排一个类似于范例但略有变化的"小试身手"活动项目，使学生巩固通过范例学到的知识和技能。

（5）设计结果：每个项目首先给出任务目标，以效果图的方式说明项目完成后的效果。

（6）设计思路：设计的灵魂在于创意，制作的技能只是手段。在每个项目中，我们都通过讲解完成项目的设计创意培养学生"创意是灵魂"的理念，使学生在完成项目的过程中不只是简单模仿，更要有自己对项目的理解和设想。

（7）范例解题导引：这是每个范例项目任务的主体部分，通过图文并茂的讲解，引导学生从模仿到体会、到熟练，直至顺利地完成项目所规定的任务。在范例的讲解过程中，又通过一个一个"Step"，将任务分解为若干个环节，便于学生理清思路。而在"小试身手"项目中，"范例解题导引"又变成"操作提示"，引导读者按照提示顺利完成项目。

（8）小贴士：在项目导引的过程中，根据需要适时出现"小贴士"提示窗口，给予学生一些相关的扩充知识或关键性的提示信息。

本教材的编写目标是让学生不仅仅学会 Photoshop CS6 的基本操作，而且要对图形、图像设计的理念和方法有一个基本的印象。图像处理本身就是一个很"感性"的工作，同一个效果可以用不同的方法来实现。这种方法的不唯一性可能会造成一些学生在学习中的困惑。解决的办法是多实践、多练习。在学习的过程中，不要拘泥于具体的步骤，而是要想一想：我要达到什么目的？我该如何做才能达到目的？有没有其他更好或更方便的方法可以达到目的？

学习需要模仿，但不能仅限于模仿。要培养这样的理念：平面设计"没有经典，只有经验"，只有不断尝试、不断思考、积累经验，灵活应用而不机械刻板，才能有所进步和提高。这也就是我们经常要问"做什么"、"怎么做"、"为什么这样做"的原因所在。

本书由王维主编和统稿，参加本书编写的有：何颖（第 1～3 章）、董佳文（第 4～6 章）、王维（第 7～9 章）。

由于时间仓促和作者的学识有限，本书中难免还存在一些不妥之处，敬请广大读者批评指正。

王　维

2013 年 6 月

平面设计 Photoshop CS6

目 录

基 础 篇

提 高 篇

平面设计 Photoshop CS6

基础篇

第一章　Photoshop 初探

Photoshop 是 Adobe 公司推出的优秀的图像处理软件，它广泛地应用于平面设计、图像处理、网页设计制作等诸多领域。可以说，利用 Photoshop 编辑图像，只有想不到的，没有做不到的。

Photoshop CS6 的界面如下图所示，通常由菜单栏、工具选项栏、工具箱、图像窗口、浮动调板等组成。

下面，我们就从最基本的操作入手，由浅入深地开始 Photoshop CS6 的探索之旅。

第一节　常用图像文件的格式

知识点和技能

图像文件格式有很多，例如，我们在数码摄影中常用的 JPEG、TIF 等数码图像文件的存储格式。不同的文件格式，有不同的文件扩展名，代表压缩程度、图像深度等不同的图像信息。

图像文件反映了图像的大小、分辨率、图像模式等信息。我们可以利用 Photoshop CS6 所提供的保存文件命令把图像文件存储成不同的数字图像格式。

范例——制作"四大金刚"图像合成效果

设计结果

你知道上海人生活中必不可少的早餐组合"四大金刚"吗？这简单的油条、大饼、豆浆、粢饭因其经济实惠、价廉物美而受到大众喜爱，风靡沪上早点市场。

平面设计 Photoshop CS6

本项目效果如左图所示(参见下载资料"第1章\第1节"文件夹中的"四大金刚.psd")。

设计思路

(1) 执行"图像大小"和"画布大小"命令,将所有素材调整到合适的大小,并将其转换为8位RGB模式。

(2) 新建一个空白文件,执行"复制"和"粘贴"命令,将所有素材图像合成到新的空白文件中。

(3) 添加标题文字。

(4) 以正确的格式保存文件。

范例解题导引

Step 1

我们首先要进行的工作是打开四个素材图片,并统一其尺寸和图像模式。

(1) 打开Photoshop,执行"文件/打开"命令,在弹出的"打开"对话框中搜寻下载资料"第1章\第1节"文件夹,选中文件"SC1-1-1.jpg",单击"打开"按钮,如左图所示。

■ 小贴士

双击Photoshop空白区域可以快速弹出"打开"对话框。

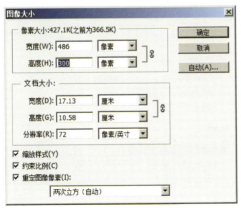

(2) 执行"图像/图像大小"命令,勾选"约束比例"复选框,将图像进行保持长宽比不变的等比例缩放。设定图像高度为300像素,然后点击对话框中的"确定"按钮,如左图所示。

■ 小贴士

"图像大小"功能通常用于图像的按比例缩放,但改变图像的大小有时可能会影响图像的品质。

（3）执行"图像/画布大小"命令，设置宽度为 400 像素，根据图像本身的构图，在"定位"栏点击某个方格以指示现有图像在新画布上的位置。此处我们点击正中间的方格，然后点击"确定"按钮，如右图所示。

■ 小贴士

　　"画布大小"功能可以让用户修改当前图像周围的工作空间，即画布尺寸的大小，也可以通过减小画布尺寸来裁剪图像。

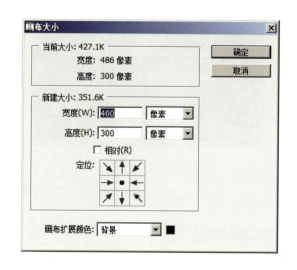

（4）执行"图像/模式/RGB 颜色"和"图像/模式/8 位/通道"命令，确认将图像模式转换为 8 位 RGB 模式。

（5）重复步骤（1）～（4），将其余三个素材图片"SC1－1－2. jpg"、"SC1－1－3. jpg"和"SC1－1－4. jpg"都改成 400×300 像素大小的 8 位 RGB 模式图像。

Step 2
　　下面我们要进行的工作是新建一个空白文件，并将所有素材合成到该空白文件中。

（1）执行"文件/新建"命令，在弹出的"新建"对话框中，设置文件名称为"四大金刚"，图像大小为 800×600 像素，分辨率为 72 像素/英寸，8 位 RGB 颜色模式，白色背景，然后点击"确定"按钮，如右图所示。

（2）激活已经改变大小的图片素材"SC1－1－1. jpg"，执行"选择/全选"命令（或按快捷键 Ctrl + A），选取整个图像文件。

（3）确保图像处于被选取的状态，执行"编辑/拷贝"命令（或按快捷键 Ctrl + C），复制被选取的内容。

（4）激活步骤（1）中新建的空白文件

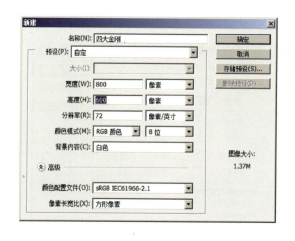

设置图像显示比例

"四大金刚",执行"编辑/粘贴"命令(或按快捷键 Ctrl + V)。

■ 小贴士

对于图像的复制和粘贴,我们还可以利用"移动工具"，直接将其从源文件拖入新文件中。

(5) 执行"窗口/图层"命令(或按快捷键 F7),显示"图层"面板。此时在"图层"面板中将新增加一个"图层 1",如左上图所示。

(6) 利用工具箱中的"移动工具"，将粘贴的图像移动到文件的左上角,如左图所示。窗口上方的蓝色标题区域显示了文件的基本属性,其中图像名称"四大金刚"之后的"50％"为当前文件的显示比例。观察图像时,我们可以在图像下方通过数值输入的方式直接设置图像的显示比例;也可以通过工具箱的"缩放工具"，在图像上单击或拖曳进行缩放观察(工具选项栏中可以选择放大或缩小工作模式)。

■ 小贴士

双击工具箱的"缩放工具"可以直接以实际大小显示图像;双击"抓手工具"将以最合适的大小来显示图像。

(7) 重复骤步骤(2)～(6),将其余三个已经调整尺寸和模式的素材粘贴到新文件中,并放在适当的位置,结果如左图所示。

Step 3

接下来我们将为新建立的图像文件配上标题文字。

（1）在"图层"面板中单击选择最上面的"图层4"。

（2）选择工具栏中的"横排文字工具" T，在位于窗口上方的工具选项中设置字体为隶书，大小为120点，文本颜色为RGB(255,84,0)的橙色，如右上图所示。在画面适当位置单击，输入文本"四大金刚"。单击文字工具栏选项右侧的 ✔ 按钮，以提交所有当前编辑，结束文本输入。

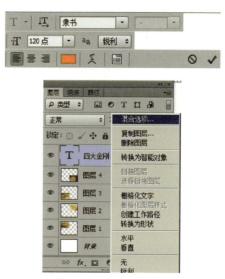

■ 小贴士

对于已经提交编辑的文本，可以通过在"图层"面板中双击文本图层左侧的"T"字缩览图，重新进入编辑状态。

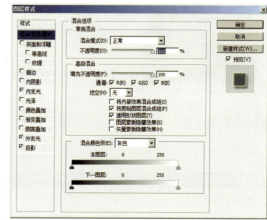

（3）选择"移动工具" ➤，将文本移至合适的位置。

（4）鼠标右击"图层"面板中的文字图层，在弹出的快捷菜单中选择"混合选项"，如右中图所示。

（5）在弹出的"图层样式"对话框中，勾选"内发光"、"外发光"和"投影"三种样式，使用其默认参数，如右图所示。设置完成后点击"确定"按钮。

Step 4

最后，对于制作完成的图像文件，千万不要忘了保存。

（1）执行"文件/存储为"命令，在弹出的"存储为"对话框中，选择合适的保存位置，然后在文件名框中输入四大金刚，保存格式选择 Photoshop（＊.PSD,＊.PDD），点击"保存"按钮，如右图所示。文件将被保存为"四大金刚.psd"，这是Photoshop的源文件，保留了所有的图层信息。

（2）再次执行"文件/存储为"命令，在弹出的"存储为"对话框中，选择合适的保

存位置,然后在文件名框中输入"四大金刚",保存格式选择"JPEG(＊.JPG,＊.JPEG,＊.JPE)",点击"保存"按钮。文件此次将被保存为"四大金刚.jpg",这是最为常用的图像文件格式,能在基本保证图像质量的情况下占用较小的存储空间。

范例项目小结

在本范例项目中,我们主要进行了这样一些 Photoshop 的基本操作:新建图像文件、打开图像文件和保存图像文件。同时,我们也练习了如何复制与粘贴图像,如何调整图像及其画布的大小,以及为图像添加文本。

其中,新建文件时,图像的色彩模式指的是我们要用到的颜色类型。一般彩色图像常用 RGB 模式,没有颜色的图像常用灰度色彩模式,而需要打印输出时则往往要转换成 CMYK 颜色模式。

文件的显示比例仅仅指的是观察的大小,与图像大小本身无关,我们可以通过"抓手工具"和"缩放工具"来调整观察点。

保存文件时,不同的格式代表不同的文件信息。PSD 是 Photoshop 特有的图像文件格式,它可以将 Photoshop 中所编辑的图像文件的所有信息不带压缩地进行存储,以便今后再次编辑。但当图层较多时,文件也会随之增大。一般图像制作完成,除保存一个 PSD 文件之外,通常会另存为一个通用的图像文件格式,如:JPEG 格式。

小试身手——"岁寒三友"效果制作

路径指南

本例作品参见下载资料"第 1 章\第 1 节"文件夹中的"岁寒三友.psd"文件,需要的图像素材为"第 1 章\第 1 节"文件夹中的"SC1－1－5.jpg"、"SC1－1－6.jpg"、"SC1－1－7.jpg"和"SC1－1－8.jpg"。

设计结果
编辑完成的效果如左图所示。

设计思路
本设计的解题方案参考范例项目。

操作提示
(1)打开下载资料"第 1 章\第 1 节"文件夹中的"SC1－1－5.jpg"。利用"图像大小"命令调整文件大小为 800×600

像素。

（2）打开"SC1－1－6. jpg"、"SC1－1－7. jpg"和"SC1－1－8. jpg"，仿照范例，调整素材图片的大小为 250×175 像素。

（3）依次将步骤（2）中调整好大小的素材复制到"SC1－1－5. jpg"文件中。

（4）利用"移动工具"，分别将 3 张素材图片拖动至合适的位置，如右图所示。

（5）仿照范例，鼠标右击图层，使用"混合选项"中的"图层样式"，依次对 3 张素材进行描边。大小设置为 3 像素，位置为外部，颜色设置为白色，如右图所示。

（6）选取"直排文字工具" ↓T ，输入文字"岁寒三友"，设置字体为隶书，120点，白色。

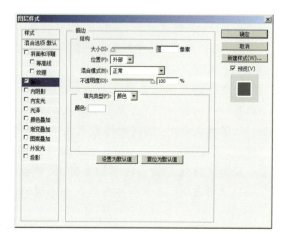

■ 小贴士

右下角有黑色小三角的按钮一般都具有多种操作模式。通过拖动鼠标，可以选取其他操作模式。

（7）在"图层样式"对话框中，勾选"外发光"和"投影"，对文字进行处理。

（8）将作品存储为"岁寒三友. jpg"。

第二节　选区制作

知识点和技能

在利用 Photoshop 对图像进行处理的过程中，若要对某个部分进行调整，可以通过选区来指定下一步所要操作的范围。

在创建选区时，我们可以利用矩形 、椭圆形 等常用选框工具制作规则选区，也可以利用套索 、多边形套索 和磁性套索 制作不规则选区。还可以通过魔棒工具 和快速选择工具 根据图像色彩分布进行选取。

通过选择工具选项中不同的建立选区的方式，可对现有选区进行增加、删除或相交等操作。

如果创建出的选区仍不合要求，还可以通过执行菜单中的相应命令修改或变换选区。

范例——"别有洞天"效果制作

设计结果

宁静的清晨,轻轻的微风,让我们暂时忘却生活的烦恼,看看竹林深处。

本项目效果如左图所示(参见下载资料"第 1 章\第 2 节"文件夹中的"别有洞天.psd"文件)。

设计思路

(1)对于相对比较规则的门框图像,主要利用"磁性套索工具"进行选取。

(2)执行"置入"命令进行图像合成。

(3)对于鸡群,采用"快速选择工具"选取并进行合成。

范例解题导引

Step 1

　　我们首先要进行的工作是清除门框内原来的内容。

(1)首先打开"第 1 章\第 2 节"文件夹中的"SC1-2-1.jpg"素材文件,如左图所示。执行"文件/存储为"命令,将图像另存成"别有洞天.psd"。

(2)执行"图像/图像大小"命令,将图像大小调整为 800×600 像素。

(3)在"图层"面板中双击被锁定的"背景"图层,在弹出的对话框中点击"确定",使该图层转换成普通的"图层 0",结果如左图所示。

平面设计 Photoshop CS6

（4）选用"磁性套索工具" ，尽量沿门框的边缘拖动鼠标。此时沿门框四周将自动形成许多控点，也可在拐角处单击，手动形成控点，如右图所示。要结束选取命令，可在起点处单击或在终点处双击，从而选取门内的部分。

■ 小贴士

在使用"磁性套索工具"创建选区的过程中，自动或手动形成的控点可通过按键盘上的退格键或 Delete 键逐个删除。

（5）接下来我们将要在此选区基础上增加下半部分的矩形区域。选择"多边形套索工具" 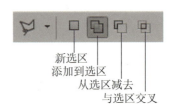，在选框工具的选项栏中设置建立选区方式为"添加到选区"，如右图所示。

新选区
添加到选区
从选区减去
与选区交叉

■ 小贴士

在"新选区"方式下，也可以按住 Shift 键增加选取，按住 Alt 键减少选取。

（6）设置完毕后，用"多边形套索工具"在多边形线段的端点进行点击，可创建选区，如右图所示。这样，我们将选中整个门框范围。

■ 小贴士

按住 Shift 键，可强制绘制水平、垂直或以 45°角倾斜的直线段。

（7）执行"编辑/清除"命令（或按 Delete 键），清除选区内容，按 Ctrl + D 键取消选区，结果如右图所示。

（8）观察图像，如有多余的内容，可再次用选框工具进行选取和删除。

平面设计 Photoshop CS6

接下来我们要将门框素材和竹林素材进行合成。

（1）执行"文件/置入"命令，选择"第1章\第2节"文件夹中的"SC1－2－2.jpg"素材文件，将其置入到"别有洞天.psd"。

（2）在"图层"面板中将竹林图层调整到门框图像下方，翠绿的竹林将被添加到图像中。

（3）执行"编辑/自由变换"命令，适当调整"竹林"的大小与位置，结果如左图所示。

Step 3

最后，我们将在图像中添加几只散步的鸡。

（1）打开下载资料"第1章\第2节"文件夹中的"SC1－2－3.jpg"，如左图所示。观察图像发现，虽然鸡不属于规则形状，但其边缘尚清晰，因此可以考虑用"快速选择工具"进行选取。

（2）选取工具箱中的"快速选择工具"，在工具选项中设置"添加到选区"的创建方式，画笔大小为12像素，如左三图所示。

■ 小贴士

"快速选择工具"笔刷大，选择得会快一些；笔刷小，选择更精准。

（3）用设置好的"快速选择工具"在鸡表面进行涂抹，五只鸡将被轻松选取，如左图所示。

（4）按快捷键 Ctrl＋C 和 Ctrl＋V，将选中的鸡复制到竹林图像。在"图层"面板中调整各图层顺序，如左图所示。

（5）选中鸡群图层，按快捷键 Ctrl＋T，进行自由变换，调整鸡群的大小和位置。

（6）保存制作完毕的图像，并将作品存储为"别有洞天.jpg"。

平面设计 Photoshop CS6

范例项目小结

　　在本范例项目中,我们主要进行了这样一些工作:利用各种形状的选框工具和多边形套索工具选取形状比较规整的图像。利用磁性套索选取虽不是很规则,但边缘比较清晰的图像。另外利用快速选择工具以涂抹的方式进行选取操作。

　　在创建选区时,通过工具选项中的建立选区方式,可以设置创建新选区或在原有的选区基础上增加部分、减去与原有选区重复部分或两者交叉部分,使得选区的创建更加灵活。

　　此外,我们也可以通过菜单中的"全选"命令选取整个图像,通过"反选"命令将除原先选中部分以外的内容进行选择,"修改/羽化"命令可以产生柔和的选区边界,"色彩范围"可以根据颜色进行选择,点击图像的空白区域可以取消选择,这些都是常用的选项。

小试身手——"日落而息"效果制作

路径指南

　　本例作品参见下载资料"第 1 章\第 2 节"文件夹中的"日落而息.psd"文件,需要的图像素材为"第 1 章\第 2 节"文件夹中的"SC1－2－4.jpg"和"SC1－2－5.jpg"。

设计结果

　　制作完成的效果如右图所示。

设计思路

　　首先利用"快速选择工具"将所需素材选中并粘贴到背景图片中。然后执行变换命令形成倒影。最后利用"模糊"滤镜和"波浪"滤镜完成倒影效果。

操作提示

　　(1)打开下载资料"第 1 章\第 2 节"文件夹中的"SC1－2－4.jpg"文件,如右图所示。将其另存为"日落而息.psd"。

平面设计 Photoshop CS6

（2）打开下载资料"第 1 章\第 2 节"文件夹中的"SC1－2－5.jpg"文件。利用"快速选择工具"选择其中的四艘渔船，如左图所示。

（3）将选区内容复制并粘贴到先前打开的图像，在"图层"面板中双击图层名，将其改为"渔船"。利用"多边形套索工具"结合 Delete 键，进一步修正选区，结果如左图所示。

（4）接下来要将多余的灰色水面部分清除。选取工具箱中的"魔棒工具"，设置容差为 20，取消连续项的勾选，如左图所示。

（5）确认当前图层为"渔船"图层。按住 Shift 键，在渔船多余的灰色部分进行多次点击，灰色部分将被选取。按 Delete 键清除选区内容。然后按 Ctrl＋T 键对渔船进行缩放和移动，结果如左图所示。

（6）下面我们要为渔船制作倒影。鼠标右击"图层"面板中的"渔船"图层，选择"复制图层"命令，从而得到"渔船副本"，将该图层改名为"倒影"。执行"编辑/自由变换"命令调整倒影，如左图所示。

（7）下面我们要移动倒影到相应船体下方。用"套索工具"沿船体周边进行自由描绘，选取一条渔船的倒影。在新选区创建方式下，将鼠标移至选区范围，按住 Ctrl 键的同时向上移动选区，此时选中的渔船倒影将同时向上移动；将其移至船的下方，执行"编辑/自由变换"命令适当调整倒影角度。重复此操作，直至所有船的倒影调整完毕，结果如右图所示。

■ **小贴士**

使用任一选区工具时，在新选区创建方式下，将光标放在选区内可移动选区范围；按住 Ctrl 键的同时移动，可移动选区内容，其结果相当于用"移动工具"移动选区内容。

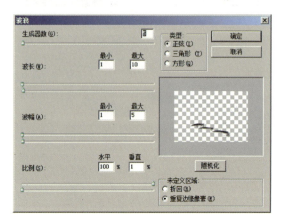

（8）执行"滤镜/模糊/高斯模糊"命令，设置模糊半径为 3，点击"确定"。此时倒影图像将呈现模糊效果。

（9）执行"滤镜/扭曲/波浪"命令，设置"波长"为 1～10，"波幅"为 1～5，"水平比例"为 100％，"垂直比例"为 1％，如右二图所示。

（10）在"图层"面板中将"倒影"图层移到"渔船"图层下方，设置其显示模式为"正片叠底"，如右图所示。

（11）将制作完成的作品存储为"日落而息.jpg"。

第三节　选区调整与填充

知识点和技能

在前面的项目中，我们已经了解到了如何利用各种形状的选框工具、魔棒工具和套索工具等创建一个选区。事实上，我们在图像中创建一定选区之后还可以通过扩边、羽化等命令作进一步的修改和编辑。同时，对于选定的区域，我们也可以描绘其轮廓或者填充其内部区域。

范例——制作"花花世界"图像合成效果

设计结果

看,镜框中的花朵看上去是不是特别漂亮呀?

本项目效果如左图所示(参见下载资料"第 1 章\第 3 节"文件夹中的"花花世界.psd")。

设计思路

(1)首先利用前景色填充获得一个矩形边框。

(2)然后利用图案填充效果完成边框图案。

(3)再利用扭曲滤镜产生不规则边框效果。

(4)最后将照片图像粘贴到框内,完成镜框图像合成效果。

范例解题导引

Step 1

我们首先要进行的工作是利用前景色填充来获取一个镜框雏形。

切换前景色和背景色 ———
默认前景色和背景色 ———
设置前景色 ———
设置背景色 ———

(1)新建一个名为"花花世界.psd",大小为 800×600 像素,8 位 RGB 模式,背景内容为"透明"的图像文件。

(2)如左图所示,在工具箱的拾色器中点击前景色,设置前景色为 RGB(185,125,150)的紫色。

(3)执行"编辑/填充"命令,用刚设置的前景色填充图像,如左图所示。

平面设计 Photoshop CS6

（4）接下来我们要选取图像中心区域并将其清除。执行"选择/全部"命令，选取整个图像。执行"选择/变换选区"命令，按住键盘上的 Alt 键拖动变换框控点，将其调整到合适大小，如右图所示。按回车键确认命令，一个较小的选区选取完成。

■ 小贴士

在变换的同时按住 Shift 键可保证在变换过程中保持长宽比不变；而按住 Alt 键则使变换的中心位置不变。

（5）按 Delete 键删除选区内的图像，执行"选择/取消选择"命令（或按 Ctrl + D）取消选区。此时将得到一个矩形框，如右图所示。

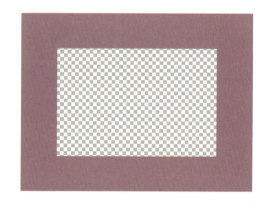

■ 小贴士

在调整选区位置时，工具箱中的工具仍须为各种形状的选框工具，并且保证选项栏中建立选区方式为"新选区"。

Step 2

接下来我们为边框添加菱形的图案。

（1）选取"矩形选框工具"，在工具选项中设置"羽化"为 2px，"样式"为固定比例，设置宽度和高度比为 1∶1，这样可强制绘制正方形选区，如右图所示。

（2）在图像中边框部分拖出一个大小合适的正方形，如右图所示。

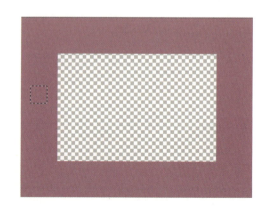

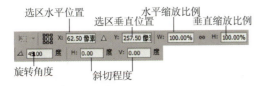

选区水平位置　　水平缩放比例
选区垂直位置　　　垂直缩放比例

旋转角度　　斜切程度

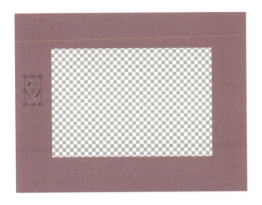

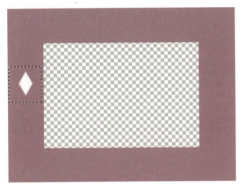

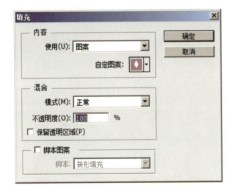

（3）执行"选择/变换选区"命令，按住 Shift 键的同时拖曳编辑框控制点，将选区旋转 45 度，按回车键确认操作。或者也可在上方的工具选项栏中输入相应数值，如左图所示，按回车键确认操作。

（4）再次执行"选择/变换选区"命令，在图像上方的工具选项栏中设置水平缩放比例为 60%，按回车键予以确认。此时选区将变成一个菱形，如左图所示。

（5）在"图层"面板中点击"创建新图层"按钮▣，创建一个新的"图层 2"。

（6）执行"编辑/填充"命令，设置内容为使用"白色"。这样将用白色填充棱形选区，完成后按 Ctrl＋D 取消选区。

（7）设置矩形选框工具的羽化选项为 0 像素，样式为正常。在图像中框选白色棱形周边的适当区域，如左图所示。执行"编辑/定义图案"命令，在弹出的对话框中点击"确定"按钮，将选中的图像定义为图案。

（8）在图像空白处点击以取消选区，并在"图层"面板中确认"图层 2"为当前图层。执行"编辑/填充"命令，设置填充内容为上一步骤中定义的图案，如左图所示，点击"确定"按钮。此时的图像内容将如左五图所示。

（9）利用"魔棒工具"选取"图层 2"中的紫色部分进行清除。再利用"矩形选框工具"选取并删除不必要的图案，按住 Ctrl 键调整留下的图案到合适的位置，结果如右图所示。

Step 3

接下来我们将通过滤镜和图层的混合选项使镜框更有质感。

（1）为使棱形图案和画框一起被扭曲，我们需要将两个图层进行合并。按快捷键 Ctrl + Alt + Shift + E，盖印可见图层，此时"图层"面板中会建立一个新的"图层 3"，内容为当前可见图层合并后的图像。点击"图层 1"和"图层 2"前方的指示图层可见性按钮，将其隐藏，结果如右图所示。

■ 小贴士

"合并可见图层"命令可将所有可见图层合并成一层；而 Ctrl + Alt + Shift + E 盖印可在合并的同时保留全部原有图层。

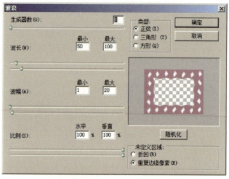

（2）执行"滤镜/扭曲/波浪"命令，设置"波长"为 50～100，"波幅"为 1～20，水平和垂直比例均为 100%，如右图所示。单击"确定"按钮，图像将被扭曲。

（3）为了增加镜框的立体感，我们还要对镜框设置相应的混合效果。鼠标右击"图层"面板的"图层 3"，选取"混合选项"，在弹出的"图层样式"对话框中勾选"斜面和浮雕"、"投影"两种效果，结果如右图所示。

Step 4

最后我们将为镜框配上相应的照片。

平面设计 Photoshop CS6

（1）打开下载资料"第1章\第3节"文件夹中的"SC1-3-1.jpg"文件,如左图所示。

（2）执行"选择/全部"命令选取整个图像,通过编辑菜单的"拷贝"和"粘贴"命令,将其粘贴到镜框所在的图像中。

（3）在"图层"面板中调整图层上下位置,使得镜框位于图像上方,并执行"编辑/自由变换"命令调整照片图像到合适的大小和位置。

（4）将作品保存为"花花世界.psd",并将其另存为"花花世界.jpg"。

 范例项目小结

在本范例项目中,我们主要进行了这样一些工作:通过设置选择工具的羽化值创建柔化的选区,通过样式调整形成特定长宽比的选区;通过创建选区方式,可以在原有选区的基础上进行增减。

通过选择菜单中的变换选区等命令可以自由调整选区,而这些选区的调整命令对图像本身并无影响。

对于选区的修改,除变换选区外,还可以根据需要进行边界、扩展、收缩、平滑、羽化等操作。

此外,对于图案的定义和填充,往往会产生意想不到的效果。这些大家都可以在不断的尝试与使用中慢慢体会。

小试身手——"鲜花信纸"效果制作

路径指南

本例作品参见下载资料"第1章\第3节"文件夹中的"鲜花信纸.psd"文件,需要的图像素材为"第1章\第3节"文件夹中的"SC1-3-2.jpg"和"SC1-3-3.jpg"。

设计结果

制作完成的效果如左图所示。

设计思路

通过对选框填充颜色和扭曲滤镜,完成信纸外框。再利用图案填充完成信纸的花纹和文稿线。

平面设计 Photoshop CS6

操作提示

（1）新建一个大小为 600×800 像素、8 位 RGB 模式、白色背景的图像文件，将其保存为"鲜花信纸.psd"。

（2）在"图层"面板中点击"创建新的图层"按钮，增加一个名为"图层 1"的新图层。按 Ctrl + A 选取整个图像区域。

（3）设置前景色为 RGB（235，230，185）的黄色。执行"编辑/填充"命令，以此前景色填充选区。

■ 小贴士

按快捷键 Alt + Delete 即以前景色填充；按 Ctrl + Delete 键则以背景色填充。

（4）参照范例，执行"选择/变换选区"命令，对当前选区进行变换，在变换的同时按住 Alt 键保证中心位置不变，如右一图所示，按回车键予以确认。

（5）执行"选择/修改/羽化"命令，设置"羽化半径"为 20 像素，使得选区边界柔化，如右图所示。再执行"编辑/清除"命令删除选中内容。按快捷键 Ctrl + D 取消选择。

（6）执行"滤镜/扭曲/波浪"命令，设置"波长"为 50～200，"波幅"为 1～15，水平和垂直比例均为 100%，单击"确定"按钮，图像将被扭曲，结果如右图所示。

（7）下面为信纸添加文稿线。按 Ctrl + N 键建立一个大小为 30×40 像素、8 位 RGB 模式、透明背景内容的空白文件。双击"抓手工具" 放大显示新建的文件。

（8）利用"矩形选框工具"选取图像上方的两块区域，执行"编辑/填充"命令，用 RGB（235，210，155）的前景色填充该区域，结果如右图所示。

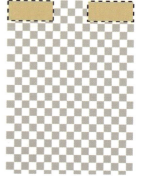

（9）选取整个图像文件，执行"编辑/定义图案"命令，将新建立的文件定义为图案。

平面设计 Photoshop CS6

（10）回到"鲜花信纸.psd"文件，在"图层"面板建立一个新的图层。参照范例，利用"编辑/填充"命令，用刚刚定义的图案填充新建的图层，并使其位于图像最上方。

（11）利用"矩形选框工具"框选需要制作文稿线的区域。执行"选择/反向"命令，按 Delete 键将图像边缘的文稿线删除，结果如左图所示。

（12）接下来我们要为信纸添加背景图。打开下载资料"第 1 章\第 3 节"文件夹中的"SC1－3－2.jpg"文件，如左图所示。

（13）下面我们将根据图像的色彩来选取花朵及其叶片。使用"魔棒工具"选取图像中的白色部分。

（14）执行"选择/反向"命令，将花朵选中。按 Ctrl＋C，复制选中区域。

（15）激活"鲜花信纸.psd"文件，将复制的花朵粘贴到此文件中。执行"编辑/自由变换"命令，按住 Shift 键的同时进行等比例缩放，并调整花朵位置，结果如左图所示。

（16）在"图层"面板中设置图层"填充"为 50％，如左图所示。此时花朵图案将变成半透明状。

（17）接下来为信纸添加另一张图片，打开下载资料文件夹"第 1 章\第 3 节"下的"SC1－3－3.jpg"文件，如右图所示。

（18）参照上面步骤，选取花朵图像，复制并粘贴到"鲜花信纸.psd"文件中，执行"编辑/自由变换"命令，将图像调整到信纸右下方位置，如右图所示。

（19）将作品存储为"鲜花信纸.jpg"。

第四节　存储历史记录功能

知识点和技能

在实际的操作过程中，我们可能一不小心做错一步，或者突然改变了思路，那么我们怎么才能回到前面的步骤呢？在 Photoshop 的"编辑"菜单中，"还原"、"前进一步"和"后退一步"等命令就可以让我们轻松地回到前面的步骤，这样不但能够对编辑的内容进行重复性撤销和返回，还能进行多次的还原和重做。

但是你们知道吗，其实 Photoshop 提供了更方便的编辑过程控制方法，那就是"历史记录"面板。对于图像每一次的更改，图像的新状态都将会添加到该面板中；通过该面板，我们可以轻松地跳转到图像变化的任一最近状态。

与此同时，结合"历史记录画笔"，可以根据某个状态或快照来恢复或处理图像。

范例——制作"红叶"图像效果

设计结果

收获的秋季来临了，那枝头的枫叶也一片片由绿变红。刚入秋的那一片片红色枫叶成了最引人注目的颜色。

本项目效果如右图所示（参见下载资料"第 1 章\第 4 节"文件夹中的"红叶.psd"）。

设计思路

（1）首先执行"色相/饱和度"命令调整图像的颜色，并创建快照。

（2）然后利用"历史记录艺术画笔工具"使图像艺术化。

（3）最后利用"历史记录画笔工具"将中间的绿叶变成红叶。

Step 1

首先我们要执行"色相/饱和度"命令调整图像的颜色，并创建快照。

（1）打开下载资料"第 1 章\第 4 节"文件夹中的"SC1-4-1.jpg"文件，如左图所示。将文档另存为"红叶.psd"。

（2）执行"图像/调整/色相/饱和度"命令，在弹出的对话框中设置"色相"为-81，如左图所示。这样，满枝的绿叶就变成了红叶。

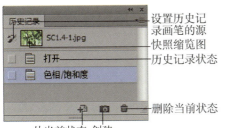

设置历史记录画笔的源

快照缩览图

历史记录状态

删除当前状态

从当前状态 创建
创建新文档 新快照

（3）勾选"窗口/历史记录"，打开"历史记录"面板，如左图所示。

（4）点击"历史记录"面板上的"创建新快照"按钮 📷，为当前状态建立一个新的快照。快照的缩览图将出现在"历史记录"面板的上半部分。

Step 2

利用"历史记录艺术画笔"艺术化图像。

（1）在"历史记录"面板中单击选取历史记录状态的第一步"打开"操作，此时图像将恢复最初的状态。也可以通过单击选取最初的快照"SC1－4－1.jpg"回到图像的初始状态。

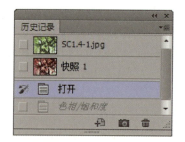

（2）单击"历史记录"面板中"打开"左侧的小方格，使其成为"设置历史记录画笔的源"  状态，如右图所示。

（3）在工具箱中选取"历史记录艺术画笔工具" 。在上方的工具选项栏中，设置画笔大小约为 15 像素，正常模式，"不透明度"为 100％，绷紧短样式，"区域"为 50 像素，"容差"为 0％。

（4）用刚刚设置好的"历史记录艺术画笔工具"在图像的背景上进行任意涂抹，结果如右图所示。

Step 3

最后，我们用前面建立的快照改变叶片颜色。

（1）在"历史记录"面板中点击"快照1"左侧的方格，将其设置为历史记录画笔的源。

（2）选取工具箱中的"历史记录画笔工具"，在上方的工具选项中，设置画笔大小约为 31 像素，正常模式，"不透明度"为100％，"流量"为 50％，并激活喷枪，如右图所示。

启用喷枪样式的建立效果

■ 小贴士

喷枪工具将会使图像随着鼠标停留的时间不同而不同。在同一位置停留的时间越长，其颜色越深。

（3）利用设置好的"历史记录画笔"在要改变颜色的叶片上进行涂抹，直至所需要的叶片呈现红色。

（4）对于超出边界的红色，则可以再次设置"SC1－4－1.jpg"为历史记录画笔

的源,用"历史记录画笔"进行涂抹,从而还原绿色。

（5）此时的红色叶片相对有些暗淡。在工具箱中选取"海绵工具"。在上方的工具选项中设置画笔大小约为 30 像素,"模式"为饱和,"流量"为 50%。

（6）用设置好的"海绵工具"在图像中红色叶片部分进行涂抹,使得叶片的红色饱和度略微增加一些,结果如左图所示。

（7）将制作完成的作品存储为"红叶.jpg"。

范例项目小结

在本范例项目中,我们主要进行了这样一些工作:用"色相/饱和度"命令调整图像色彩之后,利用"历史记录"面板创建当前状态的快照。同时,又通过"历史记录"面板回到图像打开时的状态。

通过设置不同的历史记录状态源,利用"历史记录画笔工具"和"历史记录艺术画笔工具"在图像上进行描绘,形成不同的艺术效果。

此外,我们还采用了"海绵工具"对图像进行调整饱和度的处理。

小试身手——"宝贝天使"效果制作

路径指南

本例作品参见下载资料"第 1 章\第 4 节"文件夹中的"宝贝天使.psd"文件,需要的图像素材为"第 1 章\第 4 节"文件夹中的"SC1－4－2.jpg"和"SC1－4－3.jpg"。

设计结果

制作完成的效果如左图所示。

设计思路

首先用"减淡工具"将背景图像中的深色部分减淡,然后利用"历史记录画笔工具"和"历史记录艺术画笔工具"配合,完成图像的前景部分。

操作提示

（1）打开下载资料"第 1 章\第 4 节"文件夹中的"SC1－4－2.jpg"文件,如右图所示。将图像另存为"宝贝天使.psd"。

（2）打开下载资料"第 1 章\第 4 节"文件夹中的"SC1－4－3.jpg"文件,如右图所示。选取整个图像,将其复制并粘贴到"宝贝天使.psd"文件中。此时,图像将位于"宝贝天使.psd"的"图层 1"。

（3）执行"编辑/自由变换"命令调整图像大小和位置。使婴儿位于翅膀中间。

（4）在"图层"面板中点击背景最左侧的指示图层可见性按钮 👁 ,隐藏背景图层,只保留"图层 1",为该状态建立"快照 1",此时的"历史记录"面板将如右图所示。再次点击"背景"图层的指示图层可见性按钮,显示"背景"图层。

（5）将初始状态"SC1－4－2.jpg"设置为历史记录画笔的源,在"图层 1"中,用"历史记录画笔工具"在要清除的部位涂抹,清除不需要的图像内容。如果不小心将所需部分清除了,则可设置"快照 1"为历史记录画笔的源进行恢复。结果如右图所示。

（6）设置"快照 1"为历史记录画笔的源,用"历史记录艺术画笔工具"在婴儿的下方进行涂抹,结果如右图所示。

（7）执行"图像/画布大小"命令,设置图像宽度为 500 像素,定位在左侧,从而除去右边多余的部分。

（8）将完成的作品存储为"宝贝天使.jpg"。

第二章　图像绘制和修饰

在进行图像编辑时，为了达到更好的艺术效果，我们往往要利用各种图像工具进行局部的绘制和修饰。在本章节中，我们将介绍这些工具的属性和使用方法。

第一节　画笔、铅笔和橡皮擦工具的应用

知识点和技能

画笔工具组和橡皮擦工具组所提供的都是最基本的绘图工具。Photoshop CS6 为我们提供了以下一些基本工具用于绘制图形：

画笔工具：主要用来对图像进行上色，上色范围大小由画笔的笔头大小决定，颜色为拾色器内所选颜色。

铅笔工具：主要模拟平时画画所用的铅笔。用法与"画笔工具"类似，两者的不同点在于"画笔工具"画出的线条比较柔和，而"铅笔工具"画出的线条比较生硬。

橡皮擦工具：可将像素更改为背景色或透明。一般在有背景或已锁定透明度的图层中工作时，像素将更改为背景色；否则，像素将被抹成透明。

背景橡皮擦工具：可以在抹除背景的同时保留前景对象的边缘。

魔术橡皮擦工具：该工具的工作方式类似于"魔棒工具"，在图层中单击时，该工具会将所有相似的像素更改为透明。

这些工具中，最常用的当属"画笔工具"。我们可以使用已有的画笔形状，也可以自定义画笔；可以使用较"实"的画笔绘制较为生硬的线条，也可以用较"虚"的画笔绘制柔和的线条。

而对于多余的需要去除的部分，我们则可以选用不同形状和虚实的橡皮擦抹去。

无论是画笔、铅笔还是橡皮擦工具，其工作方式都是类似的。

范例——"春江水暖"效果制作

设计结果

阳春三月，春风拂面，小鸭子们在江面上成对嬉戏，好一幅"春江水暖"的美景啊！

本项目效果如左图所示（参见下载资料"第 2 章\第 1 节"文件夹中的"春江水暖.psd"）。

设计思路

（1）利用"画笔工具"完成天空背景。

（2）利用"画笔工具"的不同笔尖形状和各种参数设置绘制水草与柳叶。

（3）利用"画笔工具"绘制水中的白鸭子。

Step 1

　　我们首先将利用圆形的画笔绘制太阳与白云。

操作提示

（1）新建一个 800×600 像素、8 位 RGB 模式、透明背景的文档，将文档保存为"春江水暖. psd"。

（2）首先绘制蓝色背景。在工具箱下方的拾色器中设置前景色为 RGB（95，160，255）的蓝色，如右图所示。

（3）按 Alt + Delete 键（或者执行"编辑/填充"命令），将设置好的蓝色填充到整个图像区域，完成蓝色背景。

（4）现在我们要绘制天空中白色的云朵。点击工具箱拾色器左上角的"默认前景色和背景色"按钮，使得前景色和背景色自动变为黑色和白色。再点击拾色器右上角的"切换前景色和背景色"按钮，这样前景色成为我们所需要的白色。当然，也可以直接点击前景色的色块进行设置。

（5）选择工具箱中的"画笔工具"。在工具选项中，设置画笔形状为"柔边圆"，大小为 50 像素，"硬度"为 0％，"不透明度"为 100％，"流量"为 50％，启用喷枪样式的建立效果，如右中图所示。

（6）在"图层"面板中新建图层"云"，用设置完毕的画笔在天空绘制云朵，结果如右图所示。若希望云朵深些，可使画笔作短暂停留或多次涂抹。

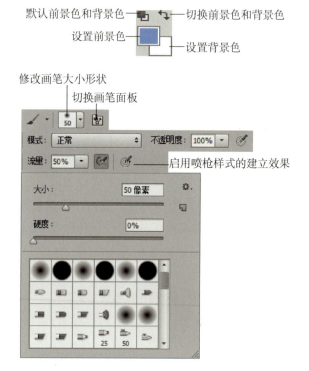

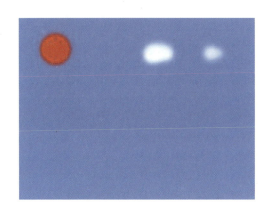

（7）在"图层"面板中新建太阳图层。设置前景色为 RGB(223,0,0)的红色，选取"画笔工具"，将画笔形状设置为"柔边圆"，大小为 110 像素，"硬度"为 50%，"不透明度"为 100%，"流量"为 100%。用设置完成的画笔在图像左上角单击，从而绘制出圆形的太阳，效果如左图所示。

Step 2

下面我们继续利用"画笔工具"绘制河岸、水草与柳叶。

（1）设置前景色为 RGB(55,164,43)的深绿色，选择"画笔工具"，在工具选项栏中设置笔尖形状为"柔边圆"，大小为 100 像素，"硬度"为 0%，"不透明度"为 100%，"流量"为 50%。在"图层"面板中创建新的图层"河岸"，用刚刚设置的画笔沿河岸边沿进行绘制，结果如左图所示。

（2）设置前景色为 RGB(0,164,0)的深绿色，背景色为 RGB(131,255,131)的浅绿色。

（3）选择"画笔工具"，在工具选项中设置笔尖形状为 134 像素的草型，修改笔刷大小为 150 像素，如左图所示。设置"不透明度"为 100%，"流量"为 100%。

（4）点击画笔工具选项右侧的"切换画笔面板按钮" 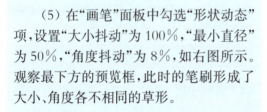，打开"画笔"面板。单击面板左侧的"画笔笔尖形状"项，设置"间距"为 25％，如右图所示。观察最下方的预览框，此时的笔刷是均匀间隔的草形画笔。

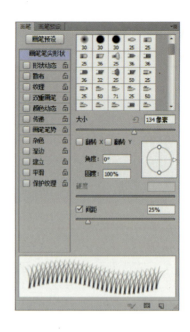

（5）在"画笔"面板中勾选"形状动态"项，设置"大小抖动"为 100％，"最小直径"为 50％，"角度抖动"为 8％，如右图所示。观察最下方的预览框，此时的笔刷形成了大小、角度各不相同的草形。

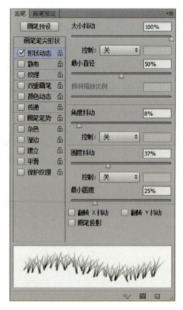

（6）参照步骤（5），在"画笔"面板中勾选"散布"项，在散布参数中勾选"两轴"，设置"散布"为 30％，"控制"为关，"数量"为 2。勾选"颜色动态"项，设置"前景/背景抖动"为 100％。

（7）在"图层"面板中新建图层"水草"，用设置好的"画笔工具"绘制河岸边的水草，结果如右图所示。

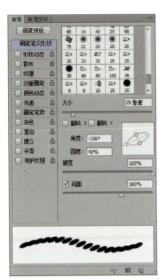

（8）接下来我们要绘制柳条。在"画笔"面板的"画笔笔尖形状"项中，设置笔尖形状为圆形，大小为 25 像素，"硬度"为 100％，"角度"为 -156 度，"圆度"为 40％，"间距"为 160％，如左图所示。

（9）勾选"形状动态"项，关闭所有抖动数值。设置控制方式为渐隐，渐隐步骤大小为 40，如左图所示。

（10）在"图层"面板中新建"柳条 1"图层，设置前景色为 RGB(116,211,0)的较深绿色，用刚刚设置的画笔绘制左半边的柳条。

（11）参照步骤(8)～(10)，新建"柳条 2"图层，设置前景色为 RGB(135,236,0)的较浅绿色，绘制右半边的柳条。在"图层"面板中移动"柳条 2"到"柳条 1"下方，结果如左图所示。

Step 3

利用圆形画笔绘制水中白鸭。

（1）新建图层"鸭1"，利用圆形画笔，参照右图中的鸭子形状进行描绘。绘图时，可以用较大的画笔提高描绘速度，也可以用相对较小的画笔绘制细节。

（2）复制图层"鸭1"得到"鸭2"，并执行"编辑/自由变换"命令适当调整两只鸭子的相对大小和位置。

（3）将完成的作品存储为"春江水暖.jpg"。

 范例项目小结

在本范例项目中，我们主要运用了"画笔工具"来绘制图形。

在"画笔工具"的选项栏中设置画笔的笔尖形状和大小、透明度、流量、是否采用喷枪方式，并根据鼠标停留时间来控制流量。

同时我们还通过"画笔"面板对画笔进行更加复杂的设置，如：画笔的间距、形状动态、散布、颜色动态等属性，使得笔刷的大小、角度、颜色、位置等都可以在一定的范围内进行随机变化。

如果现有的画笔形状无法满足需要，还可以利用定义画笔预设命令创建自己的画笔。对于笔刷，可以设置的特性有很多。我们可以根据需要不断地测试，最终得到令自己满意的效果。

小试身手——"冬日飘雪"效果制作

路径指南

本例作品参见下载资料"第2章\第1节"文件夹中的"冬日飘雪.psd"文件。

设计结果

制作完成的效果如右图所示。

设计思路

用颜色填充完成背景蓝色部分后，设置画笔不同的笔尖形状和颜色，绘制雪地、松树和雪花。本设计的解题方案可以模仿范例项目。

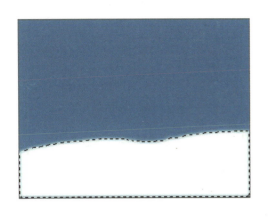

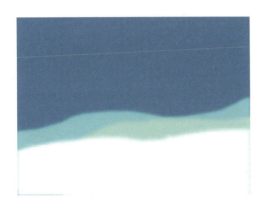

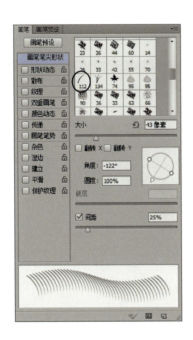

（1）新建一个大小为 800×600 像素、8 位 RGB 模式、透明背景的图像文件，将文件存储为"冬日飘雪.psd"。

（2）设置前景色为 RGB（10，130，180）的蓝色，通过"编辑/填充"命令，用前景色填充当前图层。

（3）新建图层"雪地 1"。选取"套索工具" ，设置"羽化"为 5 像素，在图像下方通过拖曳方式建立选区。设置前景色为白色，按 Alt+Delete 键填充选区，再按 Ctrl+D 键取消选取，结果如左上图所示。

（4）重复步骤（3），设置前景色为 RGB（186，255，240）绘制"雪地 2"，设置前景色为 RGB（120，229，240）绘制"雪地 3"。调整图层上下关系，结果如左图所示。

（5）选择"画笔工具"，在工具栏选项中设置笔尖的形状为 112 像素的沙丘草，设置笔刷大小为 43 像素，"角度"为-122 度，"间距"为 25％，如左图所示。

（6）勾选"形状动态"，设置"大小抖动"为30％，控制方式为渐隐，渐隐步骤大小为100；"最小直径"、"角度抖动"、"圆度抖动"均为0％，如右图所示。设置"画笔工具"选项的"不透明度"和"流量"均为100％。

（7）新建"松树"图层，将当前的前景颜色设置为 RGB(0,75,0)的深绿色。用刚刚设置的画笔绘制左侧松树。然后在画笔笔尖形状中勾选"翻转 y"，"角度"设为－68 度，绘制右侧松树，结果如右图所示。

（8）仍是使用"画笔工具"，设置"不透明度"为100％，"流量"为50％。在画笔面板中，设置笔尖为39像素的喷溅形状，如右图所示。勾选"形状动态"，设置"大小抖动"为50％，"控制"为关，其余参数都为0％。勾选"散布"，勾选"两轴"，散布随机性为150％，"数量"为2，"数量抖动"为0％。

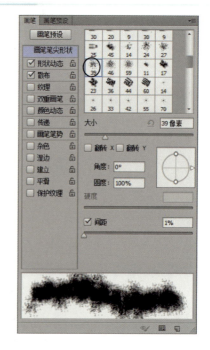

（9）新建图层"松树 2"，将前景色设置为 RGB(0，75，0)，用刚刚设置的画笔绘制中间的小松树，效果如左图所示。

（10）再次使用"画笔工具"，设置笔刷为 27 像素的喷溅。在笔尖形状中，设置"间距"为 25%。勾选"散布"，在"散布"项中勾选"两轴"，散布随机性为 65%。在"画笔工具"选项中，设置"不透明度"为 80%，"流量"为 100%。

（11）新建图层"积雪"，将前景色设置为白色，用刚刚设置的画笔绘制松树上的积雪，结果如左图所示。

（12）将步骤（10）设置的喷溅形状画笔大小改为 70 像素，"间距"为 410%。"形状动态"中"大小抖动"为 50%，两轴散布的随机性为 200%。设置"不透明度"为 50%，"流量"为 100%。

（13）新建图层"飘雪"，利用设置的画笔制作飘雪图案，结果如左图所示。

（14）参照最后效果图，适当调整图层的上下顺序，使松树位于积雪图层中间。

（15）最后添加文字。选择"横排文字工具"，设置字体为方正舒体，大小为 80点。在图像的合适位置单击，输入"冬日飘雪"。对新建立的文字图层添加"外发光"与"投影"的图层样式。

（16）将绘制完成的作品存储为"冬日飘雪.jpg"。

第二节　形状工具的应用

知识点和技能

利用 Photoshop 工具箱中的形状工具组，用户可以直接绘制出各种各样的造型，如：矩形 ▢ 、圆角矩形 ▢ 、椭圆 ⬭ 、多边形 ⬠ 和直线 ╱ 等基本形状，也可以用"自定形状工具" ✿ 绘制由系统本身提供的或用户自定义的其他各种形状，实用且方便。

范例——制作"心心相印"图像效果

设计结果

粉色的爱心,看上去是不是很温馨呢?

本项目效果如右图所示(参见下载资料"第 2 章\第 2 节"文件夹中的"心心相印. psd")。

设计思路

(1)利用"自定形状工具"绘制云朵背景。

(2)利用"自定形状工具"和"椭圆工具"绘制心形。

(3)利用"自定形状工具"和"直线工具"绘制星星。

范例解题导引

Step 1

我们首先要利用"自定形状工具"绘制云朵背景。

(1)创建一个大小为 800×600 像素、8 位 RGB 模式、透明背景的图像文件,将新建的文件存储为"心心相印. psd"。

(2)设置前景色为 RGB(216,50,125),背景色为白色。选取工具箱中的"渐变工具" 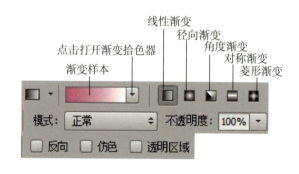,在上方的工具选项中,选择系统预设的"前景色到背景色渐变"式样,并设置渐变方式为"线性渐变",如右图所示。

(3)设置完毕后按住 Shift 键的同时在图像上自上而下拖动鼠标,产生自上而下由粉渐白的图像背景。

(4)选取"自定形状工具" ,设置形状工具模式为像素,混合模式为正常,"不透明度"为 100%。在"形状"中,选取名为"云彩 1"的自定形状,如右图所示。

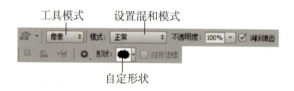

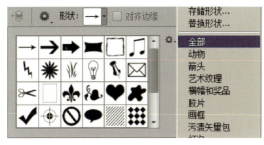

如果自定形状中没有"云彩1"形状，则可通过点击自定形状面板右侧小按钮 ，如左图所示，选取"全部"项，系统自带的所有形状将全部出现在自定形状面板中。

（5）设置前景色为白色。在"图层"面板中新建图层"云1"。用刚刚设置的"自定形状工具"在图层下方不断拖曳，形成云海状，如左图所示。

■ 小贴士

在形状工具的三种模式中："形状"会直接新建一个填充好颜色的形状蒙版图层；"路径"会直接新建一个相关形状的工作路径；"像素"会在当前图层直接画出一个填充好颜色的形状。

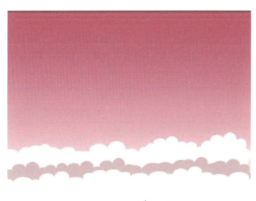

（6）设置前景色为RGB（232，195，212）的粉色。在"图层"面板中新建图层"云2"，参照步骤（5）绘制粉色云海。

（7）设置前景色为白色。在"图层"面板中新建图层"云3"，参照步骤（5）再次绘制白色云海。

（8）在"图层"面板中适当调整三个云层的关系，形成层层叠叠的云海状，结果如左图所示。

（9）新建图层"云4"，用先前设置的"自定形状工具"在图像的上方任意绘制大小不一的白色浮云。

（10）在"图层"面板中设置"云4"图层的"不透明度"为80%。在其"混合选项"中，勾选"外发光"，结果如左图所示。

Step 2

接下来我们要用"自定形状工具"和"椭圆工具"绘制心形。

（1）选取"自定形状工具"，在工具选项的形状中，选择"红心形卡"自定形状，其余选项设置参照上一步骤。

（2）新建图层"心 1"。设置前景色为RGB(216,50,125)的粉色，在新建的图层上绘制红心。在"心 1"图层的"混合选项"中，勾选"投影"。

（3）选取"自定形状工具"，在工具选项的形状中，选择"星爆"自定形状。

（4）新建图层"心 1 高光"。设置前景色为白色，按住 Shift 键的同时在新建的图层上绘制红心的星形高光点。

■ 小贴士

　　绘制形状的同时按住 Shift 键可保持形状的长宽比不变，也可以点击工具选项的设置大小比例按钮，在弹出的面板中进行设置。

（5）选取"椭圆工具" ，按住 Shift 键的同时在上一步骤绘制的高光点左侧再绘制一个的略小的圆形高光点。

（6）在"心 1 高光"图层的"混合选项"中，勾选"外发光"图层样式，结果如右上图所示。

（7）在"图层"面板中，按住 Shift 键的同时选中"心 1"和"心 1 高光"，执行"编辑/自由变换"命令，调整红心的大小和角度。

（8）在"图层"面板中，将"心 1"和"心 1 高光"拖曳到"创建新图层"按钮上，形成相应的副本。执行"编辑/自由变换"命令，调整副本红心的大小和角度。

（9）调整两颗红心图层的上下关系。

（10）再次选取工具箱的"自定形状工具"，在形状中选择"红心形卡"形状。设置前景色为白色，新建图层"心 2"，绘制连续的三个心形图案。执行"编辑/自由变换"命令，调整"心 2"的大小、位置和角度，最终得到如右图所示效果。

Step 3

最后我们要利用"自定形状工具"和"直线工具"绘制星星。

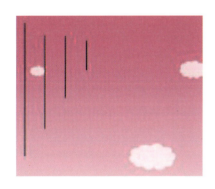

（1）选取"直线工具" ，在选项栏中设置形状模式为像素，粗细为 2 像素。点击设置按钮 ，在设置大小与比例面板中，取消"起点"和"终点"项的勾选，如左图所示。

■ 小贴士

勾选图中所显示的"起点"或"终点"项，可以用直线工具绘制单向或双向箭头。

（2）在"图层"面板中新建图层"线"，设置前景色为黑色。按住 Shift 键，用设置好的直线工具自上而下进行拖曳，绘制垂直的黑色线条。重复该步骤，在图像左侧绘制四条长短不一的黑色垂直线条，结果如左图所示。

（3）选取"自定形状工具"，在形状中选择"五角星"形状。设置前景色为 RGB（243，226，24）的黄色。

（4）新建图层"星"，在先前绘制的黑线中心按下鼠标，然后在按 Shift 键和 Alt 键的同时拖动鼠标，线上的五角星绘制完成。重复该步骤，在线上绘制多个大小不一的黄色五角星，如左图所示。

■ 小贴士

绘制形状的同时，按住 Shift 键可保持形状的长宽比不变；按住 Alt 键可使形状从中心开始绘制。

（5）最后，在"星"图层的"混合选项"中，勾选"外发光"，设置外发光的图素大小为 8 像素。

（6）将作品存储为"心心相印.jpg"。

平面设计 Photoshop CS6

范例项目小结

在本范例项目中,我们主要利用 Photoshop 所提供的形状工具进行绘制。

形状工具中,除了矩形、圆形等常用形状外,Photoshop 还提供了多种自定形状用于绘图,比起之前所学的画笔工具而言,大大丰富了我们选择的余地。

对于选定的形状工具,我们可以通过工具选项栏进行相关设置,不同的形状工具,其选项是不同的,例如,对于"直线工具",我们可以设置其两端是否带有箭头,箭头形状如何;对于"圆角矩形工具",可以设置其圆角半径有多大,图形的长宽比为多少;等等。

形状工具绘制时有形状、路径和像素三种形状模式,也可在工具选项中设置。选中像素,相当于建立选区后填充前景色;选中形状,可绘制填充前景色的矢量形状图层;选中路径时,仅绘出路径,不填色。在后两种模式下,可使形状被编辑和管理,有关这部分的内容我们将在以后的章节中有详细的阐述。

小试身手——"冬日印象"效果制作

路径指南

本例作品参见下载资料"第 2 章\第 2 节"文件夹中的"冬日印象.psd"文件。

设计结果

制作完成的效果如右图所示。

设计思路

首先用"渐变工具"绘制背景,然后利用"椭圆工具"绘制雪山,最后用"自定形状工具"和画笔共同绘制雪松、雪人和雪花。

操作提示

(1)新建一个大小为 800×600 像素、8 位 RGB 模式、透明背景的图像文件,将新建的文件保存为"冬日印象.psd"。

(2)参照范例,选取工具箱中的"渐变工具",在上方的工具选项中,选择系统预设的"从前景色到背景色渐变"式样,并设置渐变方式为"线性渐变"。在工具箱下方拾色器中设置前景色为 RGB(102,153,153)的蓝色,背景色为白色。用设置好的"渐变工具"自上而下拖曳,绘制蓝色到白色渐变的背景。

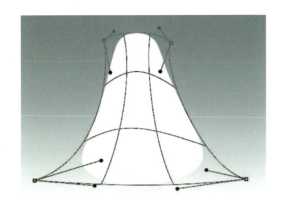

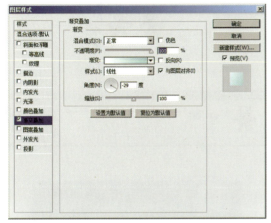

（3）选择"椭圆工具"，设置前景色为白色，背景色为 RGB（180，217，217）的较浅蓝色。新建图层"雪山 1"，绘制椭圆形状。

（4）执行"编辑/变换/变形"命令，控制控点调整椭圆形状，如左图所示，按回车键提交变形操作。

（5）在"雪山 1"图层的"混合选项"中，勾选"渐变叠加"图层样式。在"渐变叠加"的参数中，设置由前景白色到背景蓝色的渐变（也可以参照步骤（2）进行设置）。设置渐变色的"角度"为 - 29 度，如左图所示。变了形的椭圆将呈现白到蓝的渐变色。

（6）按 Ctrl + T 键对"雪山 1"进行自由变换，调整其大小和位置。

（7）三次复制"雪山 1"图层并进行缩放，成为"雪山 2"、"雪山 3"和"雪山 4"。分别对三座雪山进行变形操作，使其形状略有不同。然后在"图层"面板中调整图层间的上下关系。

（8）新建图层"雪山 5"。选择工具箱的"椭圆工具"，在图像下方绘制椭圆形雪山。参照步骤（5），在该图层的"混合选项"中设置"渐变叠加"图层样式，叠加参数设置参照步骤（5）。至此，雪山背景绘制完毕，结果如左图所示。

（9）新建图层"雪松"，设置前景色为 RGB（65，107，65）的墨绿色。选择"自定形状工具"，在选项的形状中选取"树"，绘制松树形状。

（10）下面要为松树绘制积雪层。设置前景色为白色，选择"画笔工具"，设置笔刷透明度为 80％，笔刷大小则根据树的大小而定。

（11）在"图层"面板中按住 Ctrl 键的同时点击"雪松"图层的缩览图，此时树将会被选中，从而限制绘图范围。用设置的画笔在松树表面涂抹，形成积雪状，如左图所示。

（12）多次复制"雪松"图层并进行自由变换，调整各树的大小和位置。

（13）新建图层"月"，设置前景色为白色，选择"椭圆工具"，按住 Shift 键的同时拖曳鼠标绘制圆形月亮，并为图层添加"外发光"效果，设置"外发光"图素大小为 20 像素。

（14）下面我们要绘制飘雪。新建一个大小为 100×100 像素、8 位灰度模式、透明背景的图像文件。设置前景色为黑色，在"自定形状工具"选项中选择"雪花 2"形状，绘制黑色雪花，如右图所示。

（15）执行"编辑/定义画笔预设"命令，在画笔名称中输入"雪花"，如右图所示，点击"确定"。此时，我们定义了一个雪花形状的画笔。

（16）激活先前的"冬日印象.psd"文件，在"画笔工具"的选项中，画笔笔尖形状选取自定义的雪花画笔，大小为 180 像素，勾选"形状动态"，设置"大小抖动"为 80%。

（17）设置前景色为白色。新建图层"雪 1"，在需要雪花的地方进行单击。在"雪 1"图层的"混合选项"中设置"外发光"样式，图层"不透明度"为 80%。

（18）在"画笔工具"的选项中，设置画笔笔尖形状为柔边圆，大小为 13 像素，"间距"为 320%；勾选"形状动态"，设置"大小抖动"为 80%；勾选"散布"，设置两轴散布随机性为 1000%。新建图层"雪 2"，用设置的画笔在场景中绘制点状飘雪。至此，飘雪绘制完毕，结果如右三图所示。

（19）最后我们要绘制雪人。新建一个大小为 250×350 像素、透明背景的文件。用"椭圆工具"绘制雪人的头、身体和纽扣；用"圆角矩形工具"结合变形绘制雪人的帽子；最后用"画笔工具"绘制雪人的眼睛、鼻子、嘴和手，如右图所示。其中，

鼻子的绘制可在画笔的形状动态中设置采用"渐隐"效果完成。

(20) 按 Ctrl + Shift + E 键盖印可见图层,将盖合并后的雪人复制并粘贴到场景,完成图像制作,将其存储为"冬日印象.jpg"。

第三节 渐变工具的应用

知识点和技能

"渐变工具"可以形成多种颜色逐渐混合的效果,是 Photoshop 中常用的一个工具,同时也是创作作品的好工具。

我们可以从"渐变工具"的预设中选取渐变样本,也可以通过渐变编辑器制作出颜色与透明度不同的渐变色。通过渐变工具选项,我们还可以设置以线性、径向、角度、对称、菱形等不同的方式去应用渐变色,也可设置渐变色的混合模式、反向、仿色和透明区域等。

范例——制作"梦幻壁纸"图像效果

设计结果

想让你的电脑桌面与众不同吗?那就绘制一张属于自己的梦幻壁纸吧。

本项目效果如左图所示(参见下载资料"第 2 章\第 3 节"文件夹中的"梦幻壁纸.psd")。

设计思路

(1) 首先使用渐变色和"画笔工具"绘制梦幻背景。

(2) 然后用"椭圆选框工具"和"渐变工具"绘制花朵。

(3) 最后复制并变换花朵,形成壁纸效果。

范例解题导引

Step 1

我们首先要进行的工作是绘制梦幻背景。

（1）创建一个大小为 800×600 像素、8 位 RGB 模式、透明色背景的图像文件，将新建的文件保存为"梦幻壁纸.psd"。

（2）选取"渐变工具"，在屏幕上方的工具选项中，设置线性渐变方式，如右图所示。

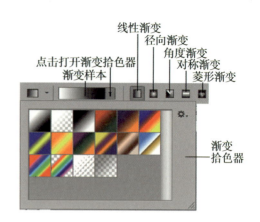

（3）双击渐变工具选项最左侧的渐变样本，进入渐变编辑器。在渐变条上方的是不透明度色标，下方是颜色色标，简称色标。点击选中色标，在对话框下端，可以设置该色标的颜色、位置、透明程度等信息。设置 0% 位置的色标颜色为 RGB（255,230,255），50% 位置的色标颜色为 RGB（152,152,255），100% 位置的色标颜色为 RGB（188,122,254）。设置完成的渐变色如右图所示。

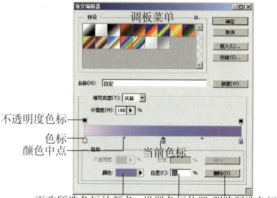

■ 小贴士

编辑渐变色时，点按需建立色标的位置，可以添加新的色标；而直接将色标拖离渐变条，可以删除相应色标。

（4）按住 Shift 键，在背景上自上而下拉动鼠标，从而实现三种颜色线性渐变的梦幻背景色。

（5）新建图层"点"，在"画笔工具"的选项中，设置画笔笔尖形状为柔边圆，大小为 13 像素，"间距"为 320%；勾选"形状动态"，设置"大小抖动"为 80%；勾选"散布"，设置两轴散布随机性为 1000%。用设置的画笔在背景中绘制，结果如右图所示。

Step 2

下面我们要绘制花朵形状。

（1）创建一个大小为 600×600 像素、8 位 RGB 模式、透明色背景的图像文件，将新建的文件保存为"花.psd"。

（2）首先要绘制花瓣。新建"花瓣 1"图层，用"椭圆选框工具"创建椭圆形选区。

（3）设置前景色为白色，选取"渐变工具"，在渐变拾色器的预设中选取第二个"前景色到透明渐变"，在工具选项中选择线性渐变模式，勾选"透明区域"项，此时的渐变色将成为由白色到透明的渐变色。

（4）在椭圆选区范围内由左上角斜向下拖曳鼠标，结果如左上图所示。

（5）在"图层"面板中右击"花瓣 1"图层，选择"复制图层"命令，构建"花瓣 1 副本"图层。执行"编辑/变换/旋转 180"命令，旋转副本图层。适当调整其位置，得到如左图所示的花瓣形状。

（6）按 Ctrl＋Shift＋Alt＋E 键盖印可见图层，创建一个完整的花瓣图层。隐藏先前的"花瓣 1"及其副本。

（7）复制花瓣图层。按 Ctrl＋T 进行自由变换，移动变换中心到花瓣左下角，在变换工具选项中，设置旋转角度为 45 度，此时花瓣副本将以左下角为中心进行旋转，如左图所示。

（8）重复步骤（6），直至得到完整的花形。按 Ctrl＋Shift＋Alt＋E 键再次盖印可见图层，将新图层取名为"花"。隐藏除"花"以外的所有图层，结果如左图所示。

最后复制并变换花朵,形成壁纸效果。

（1）在"花.psd"中,选取图层"花",按 Ctrl + A 全选,按 Ctrl + C 复制选中的花朵。

（2）激活先前的"梦幻壁纸.psd",按 Ctrl + V,将花朵粘贴到图像中,为图层取名为"花"。

（3）执行"编辑/自由变换"命令,将花压扁。再次执行"编辑/变换/透视"命令,使花朵呈现如右图所示的变形效果。执行"编辑/变换/变形"命令,对花朵作更大幅度的变形操作。

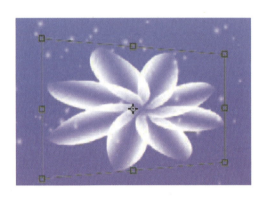

（4）重复步骤（2）～（3）,得到大小形状各不相同的花朵,结果如右图所示。

（5）设置各花朵图层的不透明度,分别为 30％、50％、60％、70％、80％ 和 100％。将完成的作品存储为"梦幻壁纸.jpg"。

 范例项目小结

在本范例项目中,我们主要利用线性渐变色完成了造型和背景,学习了如何自定义渐变颜色。在渐变方式上,除了我们选用到的线性渐变外,还有径向渐变、角度渐变、对称渐变和菱形渐变,不同方式形成的效果都各不相同。在渐变色的设置上,我们既可在渐变拾色器中选取系统预设的渐变色,也可以通过渐变编辑器对话框中的色标及过渡颜色标志来进行自定义。

有关渐变色的自定义和其他的渐变方式我们将在后面的实例中进一步了解。

小试身手——"雨后彩虹"效果制作

路径指南

本例作品参见下载资料"第 2 章\第 3 节"文件夹中的"雨后彩虹.psd"文件。

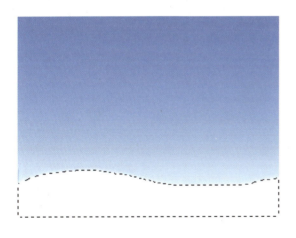

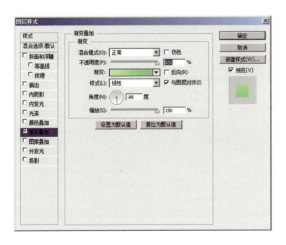

设计结果

制作完成的效果如左图所示。

设计思路

用线性渐变色和形状工具绘制背景和草地。用径向渐变绘制彩虹。用径向和角度渐变绘制太阳。用线性渐变绘制热气球。

操作提示

（1）新建一个大小为 800×600 像素、8 位 RGB 模式、透明背景的图像文件，将新建的文件保存为"雨后彩虹.psd"。

（2）设置前景色为 RGB（95，165，255）的蓝色，背景色为白色。选择"渐变工具"，在工具选项中选取"前景色到背景色渐变"，线性渐变方式。在场景中自上而下拖曳鼠标，绘制由蓝渐白的背景。

（3）新建图层"草地"。选取"套索工具"，在工具选项中，设置"羽化"为 5 像素。建立草地形状选区，执行"编辑/填充"命令，设置用白色填充该选区，如左图所示。按 Ctrl＋D 键取消选区。

（3）在工具箱拾色器中，设置前景色为 RGB（230，254，112），背景色为 RGB（118，203，45）。在"草地"图层的混合选项中，勾选"渐变叠加"，设置渐变色为前景色到背景色渐变，线性样式，"角度"为 －86 度，"缩放"为 150％，如左图所示。此时形成了黄色到绿色渐变的草地。

（4）选择"自定形状工具"，设置工具模式为"像素"，形状为"云彩 1"。在"图层"面板中新建图层"树冠"，用刚刚设置的自定形状工具绘制树冠。为"树冠"图层设置"渐变叠加"图层样式,渐变色和上一步骤相同,为前景色到背景色渐变,样式改为径向。

（5）选择"圆角矩形工具",设置工具模式为像素。在"图层"面板中新建图层"树干",用刚刚设置的"圆角矩形工具"绘制树干。为"树干"图层设置"颜色叠加"图层样式,颜色为 RGB(120,46,20)的棕色。执行"编辑/变换/变形"命令,调整树干形状。然后调整图层上下关系,绘制完毕的树如右图所示。

■ 小贴士

"渐变工具"和"渐变叠加"都可填充渐变色。"渐变工具"可随意定位渐变位置和区域,但在进行参数调整时较为麻烦;而"渐变叠加"则相反,可以所见即所得地设置参数,但不能改变渐变位置和区域。

（6）按住 Shift 键的同时选中树冠和树干图层,按 Ctrl+T 键进行自由变换,调整树的大小并移动到草地上边沿。

（7）复制"树冠"和"树干"图层,对副本进行自由变换。重复该步骤多次,结果如右图所示。

（8）接下来要绘制彩虹。选择"渐变工具",双击工具选项的渐变样本,打开渐变编辑器。选择预设里的透明彩虹渐变（第二行第五个色块）。将渐变条下方的颜色色标位置分别移动到 12%、14%……22%。将渐变条上方的不透明度为 0% 的两个不透明度色标移到 0% 和 34%;不透明度为 100% 的两个不透明度色标移到11% 和 24%;删除多余的两个半透明色标,设置完成的渐变色如右图所示。选择径向渐变模式,并勾选渐变工具选项最右侧的"反向"和"透明区域"两个选项。

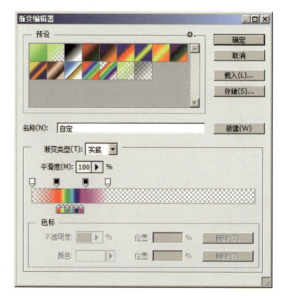

（9）新建"彩虹"图层。用设置完毕的"渐变工具"在图像上绘制，得到如左图所示彩虹色圆环。将绘制的彩虹移动到图像右下角，调整图层叠放次序，完成彩虹绘制。

（10）接下来绘制太阳。设置前景色为白色。选择"渐变工具"，双击工具选项的渐变样本，打开渐变编辑器。选择预设里的前景色到透明渐变。在渐变条上方的 0%、15% 和 31% 处设置不透明度为 100% 的不透明度色标；21%、29%、33% 和 100% 处设置不透明度为 0% 的不透明度色标，设置完成的渐变色如左图所示。选择径向渐变模式，勾选"透明区域"。

（11）新建"太阳"图层。用设置完毕的"渐变工具"在图像上绘制，结果如左图所示。在图层的"混合选项"中，为"太阳"图层添加自发光图层样式。

（12）接下来绘制阳光。设置前景色为白色。选择"渐变工具"，双击工具选项的渐变样本，打开渐变编辑器。选择前景色到透明渐变。在渐变条上方的不透明度色标中，依次设置各色标不透明度为 0%、100%、0%、0%、100%、0%。设置完成的渐变色如左图所示。选择角度渐变模式，勾选"透明区域"。

（13）新建图层"阳光"。用设置完毕的"渐变工具"在图像上绘制，设置阳光图层的"不透明度"为 60%，结果如左图所示。

（14）下面要为场景添加热气球。选择"渐变工具"，双击工具选项的渐变样本，打开渐变编辑器。选择预设里的橙、黄、橙渐变，修改渐变色，0%、20%、40%、60%、80% 和 100% 位置是橙色，10%、30%、50%、70%、90% 位置为黄色。设置完成的渐变色如左图所示。选择线性渐变模式。

（15）新建"热气球"图层。用"椭圆选框工具"建立选区。按住 Shift 键的同时用设置完毕的"渐变工具"在图像上填色。执行"编辑/变换/变形"命令，得到如右图所示结果。

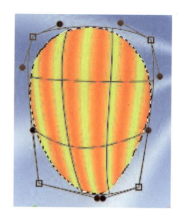

（16）设置前景色为 RGB（254，175，178）。新建图层"热气球 2"，用"直线工具"绘制两根线。用"圆角矩形工具"绘制下面的方框。

（17）为热气球所在的两个图层设置"外发光"和"投影"样式，结果如右图所示。

（18）复制热气球，并调整热气球大小、位置和角度。

（19）最后，设置前景色为白色。新建图层"花"，用"自定形状工具"中的"花 1"形状绘制草地上的小花。

（20）将制作完成的作品存储为"雨后彩虹.jpg"。

第四节　仿制图章和修复修补工具的应用

知识点和技能

"仿制图章工具"、"修复画笔工具"、"修补工具"和"污点修复画笔工具"是在图像修补过程中最常用的四个工具。它们都可以通过对一幅图像的部分或全部取样，然后利用取样进行绘画，从而去除图像痕迹和污点或删除杂物，完成图像的修补；或者将取样复制到另一幅图像进行合成。除此以外，Photoshop CS6 还提供了更多的与图像修复相关的工具。

仿制图章工具：主要用来对图像进行局部修复或复制。先按住 Alt 键，再用鼠标在图像取样点处单击，然后可在图像中进行修复或复制。

图案图章工具：这也是用来复制图像的，但首先要用矩形选框工具选择某一范围，然后用"编辑/定义图案"命令定义图案。

修复画笔工具：用于修补图像瑕疵，用法参照"仿制图章工具"，首先需按住 Alt 键采样。

污点修复画笔工具：无需采样，可直接修复图像污点。

修补工具：用于修补图像瑕疵，用法参照"仿制图章工具"，首先需按住 Alt 键采样。

内容感知移动工具：这是一个功能强大、操作简便的智能修复工具，主要有感知移动和快速复制两大功能。

![红眼工具图标] 红眼工具：可快速修复红眼照片。

这些工具各有各的长处，在修补照片的时候往往需要几个工具同时并用，才会达到最高的效率和最好的修复效果。

范例——制作"花之仙子"图像合成效果

设计结果

简单的灿烂是最真实的美丽。只要有阳光，花朵就会热情地绽放，用它美丽的笑脸，拥抱生命和未来。

本项目效果如左图所示（参见下载资料"第 2 章\第 4 节"文件夹中的"花之仙子.psd"）。

设计思路

（1）利用"仿制图章工具"抹去多余的花朵。

（2）利用"修复画笔工具"复制卡通图案。

范例解题导引

> **Step 1**
> 我们首先要进行的工作是利用"仿制图章工具"抹去画面上多余的花朵。

（1）打开下载资料"第 2 章\第 4 节"文件夹中的"SC2-4-1.jpg"文件，如左图所示。将图像另存为"花之仙子.psd"。

（2）选取工具箱中的"仿制图章工具"。"仿制图章工具"属于画笔类工具，因此其选项的设置可以参照"画笔工具"。在工具选项栏中设置画笔笔刷为主直径 46 像素的圆形，"硬度"为 0％，正常模式，"不透明度"为 100％，"流量"为 100％，勾选"对齐"，样本为当前和下方图层，如左图所示。

（3）接下来我们要进行最重要的图像采样。按下 Alt 键，在素材图像中叶子的位置单击鼠标，从而定义一个取样点，完成采样工作。

（4）创建新的"图层 1"。将光标移到图像右上角要抹去的红色花朵位置，拖动鼠标进行复制。

（5）重复步骤（3）～（4），不断进行采样和涂抹，直至达到满意的效果，结果如右图所示。

（6）由于我们是在选择了当前和下方选项后，在新的图层上进行修补的，因此如果遇到效果不满意，可以直接用"橡皮擦工具"擦除。如果是在同一图层上进行修补的话，我们可以参照第一章第四节相关案例，采用"历史记录画笔工具"进行恢复。

Step 2

接下来我们要利用"修复画笔工具"把卡通图像中两个孩子的脸复制到花朵中心。

（1）打开下载资料"第 2 章\第 4 节"文件夹中的"SC2-4-2.jpg"文件，如右图所示。

（2）选择工具箱中的"修复画笔工具"，如右图所示。

（3）"修复画笔工具"的使用方式同于"仿制图章工具"，接下来我们仍要进行最重要的图像采样。按下 Alt 键，在素材图像中左边孩子的脸部位置单击鼠标，从而定义一个取样点。

	污点修复画笔工具
	修复画笔工具
	修补工具
	内容感知移动工具
	红眼工具

（4）回到先前的花朵素材所在文件"花之仙子.psd"。在工具选项栏中设置"修复画笔工具"的圆形笔刷主直径为185像素，"硬度"为0%，正常模式，采用"取样"的源，勾选"对齐"，设置样本为所有图层，如左图所示。

（5）创建新的图层。将光标移到图像中花的中心位置，拖动鼠标进行复制，结果如左图所示。

（6）同样的，由于我们是在选择了所有图层选项后，在新的图层上进行修补的，因此如果效果不满意，可以直接用"橡皮擦工具"擦除。如果是在同一图层进行的修补，则可以通过"历史记录画笔工具"进行恢复。

（7）重复步骤（4）～（6），完成右侧娃娃脸的复制工作。

（8）将作品存储为"花之仙子.jpg"。

范例项目小结

在本范例项目中，我们主要利用"仿制图章工具"和"修复画笔工具"对于图像进行合成。

这两个工具在使用方式上是相同的，我们必须首先按Alt键，通过点击进行取样，然后再到目标位置用合适的笔刷进行涂抹完成复制。不同之处在于"修复画笔工具"会根据原图颜色作自动的匹配，可使图像的合成显得更为自然。

除了这两个工具外，提供修复和修补功能的还有"污点修复画笔工具"和"修补工具"。"污点修复画笔工具"无需采样，它可以在确定的修复位置边缘自动找寻相似的颜色进行自动匹配，往往用于修复一些小的斑点。而"修补工具"则可以通过在图像中任意绘制选区，然后使用修补工具拖动这个选区，在画面中寻找要修补的位置进行自动修补。

这些工具用法虽然相似，但各有所长，我们要在练习中多加体会。

小试身手——"沙漠驼队"效果制作

路径指南

本例作品参见下载资料"第2章\第4节"文件夹中的"沙漠驼队.psd"文件，需要的图像素材为"第2章\第4节"文件夹中的"SC2-4-3.jpg"和"SC2-2-4.jpg"。

设计结果

制作完成的效果如右图所示。

设计思路

首先利用"仿制图章工具"和"污点修复画笔工具"清除沙漠中的汽车及各种阴影。然后再利用复制和变换,将骆驼合成到沙漠图像中。

操作提示

(1) 首先打开"第 2 章\第 4 节"文件夹中的"SC2－4－3.jpg"素材文件,如右图所示,将图像另存为"沙漠驼队.psd"。

(2) 选择工具箱中的"污点修复画笔工具"，在工具选项中设置笔刷大小为 10 像素,选取"内容识别",勾选"对所有图层取样",如右图所示。

(3) 建立新图层,用设置好的"污点修复工具"将沙漠上的白色小斑点和部分小杂物抹除,结果如右图所示。

(4) 下面要用"仿制图章工具"除去面积较大的阴影。选取"仿制图章工具",参照范例,将画笔笔刷设置成合适大小和硬度的圆形画笔,正常模式,"不透明度"为 100%,"流量"为 100%,样本为所有图层。在"图层"面板中创建新图层,不断进行采样和涂抹,直至阴影和杂物全部去除,结果如右图所示。

（5）打开下载资料文件夹"第2章\第
4节"下的"SC2－4－4.jpg"文件，如左图
所示。

（6）参照第一章第二节建立选区相关
内容，用"磁性套索工具"选取骆驼并复制
到沙漠。超出范围的内容可用"套索工
具"选中后按 Delete 键清除。按快捷键
Ctrl＋T，对骆驼进行自由变换，调整其大
小和位置。

（7）下面要为骆驼创建阴影。复制骆
驼图层，为副本图层添加"颜色叠加"图层
样式。设置叠加颜色为黑色，如左图
所示。

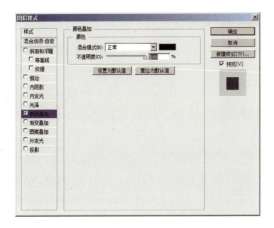

（8）在"图层"面板中，设置黑色骆驼
的"不透明度"为80％。执行"滤镜/模糊/
高斯模糊"命令，设置"半径"为2.0像素，
使黑色骆驼呈模糊状。

（9）执行"编辑/变换/垂直翻转"命
令，黑色骆驼成为倒影。最后执行"编
辑/变换/透视"命令，通过变换框的控制
点，调整倒影的透视角度，结果如左图
所示。

（10）复制骆驼及其影子图层，保持两
个图层的副本呈选中状态，按Ctrl＋T进
行自由变换，调整副本的大小和位置，如
左图所示。

（11）重复步骤（10），直至完成最终的
图像效果。

（12）将作品存储为"沙漠驼队
.jpg"。

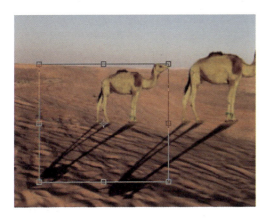

平面设计 Photoshop CS6

第五节　涂抹与颜色调整相关工具的应用

在 Photoshop 的工具箱中,除了之前章节中已经学过的工具外,还有许多与绘图和颜色调整相关的工具。在本章节中,将会利用以下工具对图像进行局部处理与调整。

颜色替换工具:该工具的作用就是用设置的颜色替换选择的颜色,而且它除了可以用颜色模式替换外,还可以用色相、饱和度、亮度等模式替换。

混合器画笔工具:该工具是 CS5 新增的绘画工具,它可以让我们通过属性栏的设置调节笔触的颜色、潮湿度、混合颜色等,如同我们在绘制水彩或油画的时候,随意地调节颜料的浓度、颜色混合等,可以绘制出更加细腻的效果图。

模糊工具:该工具主要是对图像进行局部模糊处理,按住鼠标左键不断拖动即可操作,一般用于柔和处理颜色与颜色之间衔接比较生硬的地方,也用于颜色与颜色过渡比较生硬的地方,使其更加自然。

锐化工具:该工具作用与"模糊工具"相反,主要是对图像进行局部清晰化处理。如果使用过度,会使图像中每一种组成颜色都显现出来,使颜色变得花花绿绿。要注意的是,模糊后的图像并不能用复锐化工具复原。

涂抹工具:该工具可以将颜色抹开,好像是在一幅颜料未干的图像上用手涂抹使颜色走位一样。一般用在颜色与颜色之间边界生硬或者衔接不自然的情况下,将过渡颜色柔和化、自然化。有时也会用于图像的修复操作中。调整在右边画笔处选择一个合适的笔头可以调整涂抹区域的大小。

减淡工具:该工具也可以称为加亮工具,主要是对图像进行加光,以达到减淡图像颜色的效果。

加深工具:该工具也可称为减暗工具,作用与"减淡工具"相反,主要是使图像变暗以达到加深图像颜色的效果。

海绵工具:该工具可以在工具选项中选择对图像颜色进行加色或减色处理。从实际效果看该工具也可以看做是用于加强或者减弱颜色的对比度。

范例——制作"五彩缤纷"图像效果

走进自然,放眼望去,到处是五颜六色的鲜花。愿每个人的笑容都能像这花朵一样娇艳绽放。

本项目效果如右图所示(参见下载资料"第 2 章\第 5 节"文件夹中的"五彩缤纷.psd")。

设计思路

（1）利用"颜色替换工具"、"颜色加深工具"和"颜色减淡工具"将统一的黄色花朵改成彩色。

（2）利用模糊和锐化工具，实现景深效果。

范例解题导引

> **Step 1**
>
> 我们首先要利用颜色调整相关工具修改花朵颜色。

（1）首先打开"第 2 章\第 5 节"文件夹中的"SC2 - 5 - 1.jpg"素材文件，如左图所示，将图像另存为"五彩缤纷.psd"。

（2）选择"魔棒工具"，设置模式为"添加到选区"，"容差"为 45，取消"连续"项的勾选，设置完毕的工具选项应如左图所示。对图像中的黄色花朵区域多次点击选取，直至所有黄色花朵被选中。

（3）执行"编辑/拷贝"命令，再执行"编辑/粘贴"命令，将所有选中的黄色花朵复制到新的图层中（图层 1），此时"图层"面板将如左图所示。

（4）选取画笔工具组中的"颜色替换工具" ，设置模式为颜色，"限制"为连续，笔刷大小设为 38 像素（也可根据需求自行调整），设置完成的"颜色替换工具"选项如左图所示。

连续取样 取样一次

（5）设置前景色为红色 RGB(255,0,0)，用设置完成的"颜色替换工具"在"图层 1"上对某一花朵进行涂抹，直至该花朵完全变为红色，结果如右图所示。

（6）选取"加深工具" ，根据需要设置笔刷大小，在红色花朵表面进行单击和涂抹，从而使花朵色彩略微地变深。此处也可以借助"减淡工具"使其色彩变浅，操作方法类似。

（7）选取"海绵工具" ，在工具选项中设置"模式"为饱和，"流量"为 50%，根据需要设置笔刷大小。用设置完毕的海绵工具在上述花朵上进行涂抹，花朵的色彩会略显鲜艳。调整完毕的花朵将如右图所示。

（8）选取不同的前景色，重复步骤(4)～(7)，将满园的黄色花朵变成彩色，如右图所示。

Step 2

接下来我们将要利用模糊和锐化工具，形成景深效果。

（1）按快捷键 Ctrl + Alt + Shift + E，盖印可见图层，"图层"面板将如右图所示。

（2）选取"模糊工具" ，笔刷大小设置为 145 像素，"硬度"为 0%。用设置完成的"模糊工具"在远处的花朵上进行涂抹，形成模糊的效果。

（3）选取"锐化工具" ，笔刷大小设置为 145 像素，"硬度"为 0%，其余均为默认参数,用设置完成的"锐化工具"在近处的花朵上进行涂抹,形成更为清晰的效果。

(4) 最后将绘制完成的作品存储为"五彩缤纷.jpg"。

 范例项目小结

在本范例项目中,我们主要利用"颜色替换工具"完成对黄色花朵颜色的改变。"颜色替换工具"除了可以实现色彩替换外,也可以替换选定颜色的明度、饱和度和色相。

此外,我们还利用模糊和锐化工具,调整图像局部的清晰程度,从而形成景深效果。利用加深、减淡工具和海绵工具,调整图像局部色彩的深浅及饱和度。

"混合器画笔"是 CS5 新增的绘画工具,它可以让我们通过对属性栏的设置,调节笔触的颜色、潮湿度、混合颜色等,就如同我们在绘制水彩或油画的时候,随意地调节颜料的色彩、浓度、颜色混合等,以此可以绘制出更为细腻的效果图。而"涂抹工具"可以产生类似用刷子在颜料没有干的油画上涂抹后划过的痕迹效果,涂抹的起始点颜色会随着涂抹工具的滑动方向进行延伸。这些工具我们会在后面的实践中逐步体验。

小试身手——"微笑天使"效果制作

路径指南

本例作品参见下载资料"第 2 章\第 5 节"文件夹中的"微笑天使.psd"文件,需要的图像素材为"第 2 章\第 5 节"文件夹中的"SC2 - 5 - 2.jpg"。

设计结果

制作完成的效果如左图所示。

设计思路

首先利用"阴影/高光"命令初步调整图像的光影效果,然后再利用"HDR 色调"命令进一步调整色调,最后利用"锐化工具"调整图像主体部分的清晰度。

操作提示

(1) 首先打开"第 2 章\第 5 节"文件夹中的"SC2 - 5 - 2.jpg"素材文件,将图像另存为"微笑天使.psd",如左图所示。

(2) 选取"海绵工具",设置笔刷大小为 17 像素,"硬度"为 47%,"模式"为饱和,"流量"为 50%。用设置完毕的"海绵工具"在孩子嘴唇上进行涂抹,使得嘴唇色彩略为鲜艳。

（3）选取"涂抹工具" ,设置笔刷大小为 37 像素,"硬度"为 50%,"模式"为正常,"强度"为 100%,如右图所示。

（4）用设置完毕的"涂抹工具"在孩子的嘴角处单击并往上移动,在笔刷范围内的区域将随鼠标移动而移动。经过多次细微的调整,最终形成嘴角上扬的效果,如右图所示。

（5）选取"加深工具",设置笔刷大小为 78 像素,"范围为"中间调,"曝光度"为 20%,如右图所示。将设置好的笔刷在孩子头部毛发处轻涂,使头发颜色加深。

（6）将"加深工具"的笔刷大小改为 16 像素,其余均为默认参数。在孩子的眉毛处轻涂,使眉毛颜色加深。

（7）将制作完成的作品存储为"微笑天使.jpg"。

第三章 图像色调与色彩的调整

图像的色调、色彩等因素是影响一幅图像品质最为重要的两个因素。

在 Photoshop 中,色彩与色调的调整可以称得上是一个最奇妙的东西了,它是 Photoshop 图像处理中非常重要的一项内容。使用这一功能,可以轻松地校正图像色彩的明暗度、饱和度和对比度,改变图像的色泽,还可以处理照片的曝光度、恢复旧照片或模仿旧照片、为黑白照片上色等。

对色调和色彩有缺陷的图像(如:扫描后的图像等)进行调整,会使其更加完美。对一张平淡无奇的普通照片,我们也可以通过色调与色彩的调整产生各种神奇效果。

第一节 色阶、曲线、亮度/对比度的应用

知识点和技能

当图像偏亮或偏暗的时候,可以用"色阶"、"曲线"、"亮度/对比度"等命令进行调整。

其中,"色阶"命令使用高光、暗调和中间调三个变量来对图像进行调整。利用"输入色阶"编辑框,可使较暗的像素更暗,较亮的像素更亮;利用"输出色阶"编辑框,可使较暗的像素变亮,使较亮的像素变暗。

利用"曲线"命令,可以通过调整曲线表格中曲线的形状,综合调整图像的亮度和色调范围。较之"色阶"命令,"曲线"命令可以调整灰阶曲线中的任何一点。

利用"亮度/对比度"命令,可以通过滑块方便地调整图像的亮度和对比度。

有关这些命令的使用,我们可以在实例中进一步去体会。

范例——"田园风光"效果制作

设计结果

久居混凝土堆砌城市的人们,是否也向往陶渊明那"采菊东篱下,悠然见南山"的惬意呢?向往那里的气息,向往那里的大山,向往那里的一草一木,向往那里美丽的田园风光呢?

本项目效果如左图所示(参见下载资料"第 3 章\第 1 节"文件夹中的"田园风光.psd")。

设计思路

（1）首先用"云彩"滤镜为天空添加云彩。

（2）利用"色阶"和"亮度/对比度"命令调整图像的色调，使图像颜色更为鲜艳。

（3）利用"曲线"命令使草更绿天更蓝。

范例解题导引

Step 1

首先利用"云彩"滤镜为灰暗的天空添加云彩。

（1）打开下载资料"第3章\第1节"文件夹中的"SC3-1-1.jpg"文件，如右图所示。将文档另存为"田园风光.psd"。

（2）将前景色设置为RGB(131,138,146)，背景色设置为白色。

（3）新建图层"云彩"。选择"魔棒工具"，在其工具选项中勾选"对所有图层取样"，单击灰色天空部分进行选择。

（4）执行"滤镜/渲染/云彩"命令，灰色的天空被云彩所替代。取消选区，在"图层"面板中设置"云彩"图层显示模式为"柔光"，效果如右图所示。

Step 2

下面我们要利用"色阶"和"亮度/对比度"调整图像的色调，使图像颜色更为鲜亮。

图层缩览图　图层蒙版缩览图

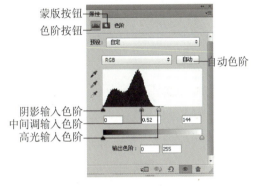

蒙版按钮
色阶按钮

自动色阶

阴影输入色阶
中间调输入色阶
高光输入色阶

（1）用"快速选择工具"选取草地部分。

（2）执行"图层/新建调整图层/色阶"命令，点击"确定"，新建一个名为"色阶1"的调整图层。此时的"图层"面板将如左图所示。

（3）在色阶"属性"中，拖动各输入色阶滑块，设置输入色阶为（0，0.52，144），增加草地的亮度，如左图所示。

■ 小贴士

新建调整图层可在图层的"属性"面板中随时修改调整参数；而"图像/调整"菜单内的相关命令都是对原图像的直接修改，原图像容易被破坏。

（4）执行"图层/新建调整图层/亮度/对比度"命令，设置"亮度"为10，"对比度"为30，如左图所示。此时图像的颜色将变得比较鲜亮。

Step 3

最后我们要利用"曲线"命令调整图像的色彩，使草更绿，天更蓝。

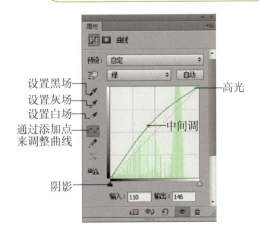

设置黑场
设置灰场
设置白场
通过添加点
来调整曲线
阴影
中间调
高光

（1）点击"图层"面板下方的"创建新的填充或调整图层"按钮，选取"曲线"命令，创建"曲线1"调整图层。在曲线"属性"中，选取"绿"通道，在线上单击，添加两个中间调的控点；向上移动新增的控点，如左图所示，图像将变得更绿一些。

（2）为去除"曲线"命令对天空的影响，下面我们要为图层添加蒙版。设置前景色为黑色，背景色为白色。在"图层"面板

平面设计 Photoshop CS6

中,点击"曲线 1"的图层蒙版缩览图。选择"渐变工具" ,设置从前景色到背景色渐变的颜色,自上而下进行填充,此时"图层"面板如右图所示。

■ 小贴士

可以根据蒙版的明暗程度确定调整图层的被影响程度。黑色为不受影响,白色为 100%受影响。

（3）接下来我们要增加天空的蓝色。参照步骤（1），新建"曲线 2"调整图层,在"曲线"对话框中选取"蓝"通道,将中间调控点向上略微移动,以增加图像的蓝色。

（4）参照步骤（2），在"图层"面板中选中"曲线 2"中的图层蒙版缩览图,用"渐变工具"自下而上绘制黑到白的渐变色,此时的"图层"面板如右图所示。

（5）将完成的作品存储为"田园风光.jpg"。

范例项目小结

在本范例项目中,我们主要通过"色阶"、"亮度/对比度"和"曲线"命令来调整图像的色调,同时也通过"曲线"命令中不同的色彩通道进行图像色彩成分的调整。

这些命令在调整图像的亮度、对比度上都有异曲同工之妙,如何更灵活地运用这些命令还需要我们在更多的练习中加以体会。

此外,我们还可通过图层的蒙版设置调整命令的作用范围。

小试身手——"拨云见日"效果制作

路径指南

本例作品参见下载资料"第 3 章\第 1 节"文件夹中的"拨云见日.psd"文件,需要的图像素材为"第 3 章\第 1 节"文件夹中的"SC3－1－2.jpg"。

设计结果

制作完成的结果如左图所示。

设计思路

使用"色阶"命令减少天空和树叶的灰度,接着利用"亮度/对比度"命令整体调节图像的亮度及对比度,最后利用"曲线"命令调节天空的明暗对比。

操作提示

(1) 打开下载资料"第3章\第1节"文件夹中的"SC3-1-2.jpg"文件,如左图所示。

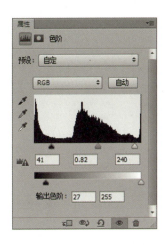

(2) 观察图像,发现天空部分太亮,需调暗。执行"图层/新建调整图层/色阶"命令,在色阶的"属性"面板中设置它的值范围是(41,0.82,240),输出色阶(27,255),如左图所示。

(3) 选取"魔棒工具",在其工具选项中取消"连续"项的勾选,勾选"对所有图层取样";在图像的树叶部分进行点击,此时所有黑色区域均被选中。在"图层"面板中点击"色阶1"的图层蒙版缩览图,设置背景色为黑色,按Ctrl+Delete键,用设置的背景色填充选区。按Ctrl+D键取消选区。此时的色阶仅影响了天空部分,"图层"面板设置如左图所示。

（4）执行"图层/新建调整图层/亮度/对比度"命令，设置"亮度"为－42，"对比度"为－22，如右图所示。

（5）为了增加图像的红色成分，执行"图层/新建调整图层/曲线"命令，创建"曲线 1"调整图层。参照范例，在曲线"属性"中，选取"红"通道，将中间调的控点上移，增加红色；分别选取"蓝"通道和"绿"通道，将中间调的控点向下移动，减少蓝色和绿色，如右图所示。

（6）为减少曲线对图像下部的影响，参照范例，点击"曲线 1"图层的蒙版缩略图，使用"渐变工具"在图像中由下至上拉出渐变，"图层"面板如右图所示。

（7）将作品存储为"拨云见日.jpg"。

第二节　色相/饱和度、色彩平衡和照片滤镜的应用

知识点和技能

利用"色彩平衡"命令，可以粗略地调整彩色图像中颜色的组成，它可以在保持颜色原来的亮度值的同时，对图像不同亮度区域进行色彩调整。

利用"色相/饱和度"命令，可以让用户非常直观地调整图像的色相、饱和度和明度。

利用"照片滤镜"命令，可以模拟相机镜头前滤镜的效果来进行色彩调整，以便调整通过镜头传输的光的色彩平衡和色温。

这三个命令都可以用于调整图像的色彩。

范例——制作"岁月留痕"图像效果

设计结果

　　错落有致的房梁飞檐中充满着往日岁月的留影，也蕴涵着都市里少有的安恬。在当今都市的人情冷暖被水泥钢筋筑就的森林阻隔的时候，古镇依然以其传统、纯朴的面貌向世人展示它的独特魅力。

　　本项目效果如左图所示（参见下载资料"第3章\第2节"文件夹中的"岁月留痕.psd"）。

设计思路

　　（1）利用"色相/饱和度"和"色彩平衡"命令调整图像色彩，形成泛黄照片效果。

　　（2）利用"阴影/高光"命令调整图像的明暗程度。

范例解题导引

Step 1
　　我们首先要进行的工作是调整图像色彩，形成泛黄照片效果。

　　（1）打开下载资料"第3章\第2节"文件夹中的"SC3-2-1.jpg"文件，如左图所示，将图像存储为"岁月留痕.psd"。

　　（2）复制"背景"图层，得到"背景副本"图层。

　　（3）执行"滤镜/杂色/蒙尘与划痕"命令，设置"半径"为16，"阈值"为8，如左图所示。点击"确定"，图像将变模糊。

（4）设置"背景副本"图层的"不透明度"为50％，结果如右图所示。

（5）执行"图像/新建调整图层/色彩平衡"命令，在色彩平衡"属性"中设置阴影色阶为（46，0，－55），如右图所示。同理，设置中间调色阶为（0，－19，－80），高光色阶为（0，12，－5），勾选"保留明度"。

（6）执行"图像/新建调整图层/色相/饱和度"命令，设置全图的"色相"为0，"饱和度"为－17，"明度"为0，取消"着色"的勾选，如右图所示。此时图像饱和度将被降低，颜色不如先前那么鲜艳。

Step 2
接着我们要调整图像的明暗程度。

（1）在"图层"面板中选取"背景"图层，执行"图像/调整/阴影/高光"命令。设置"阴影"的"数量"为25％，"高光"的"数量"为20％，如右图所示。

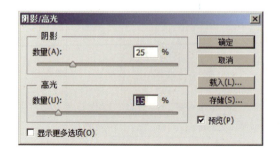

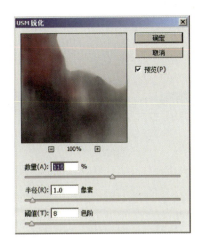

（2）在"图层"面板中选取"背景副本"图层，执行"滤镜/锐化/USM锐化"命令，设置"数量"为110%，"半径"为1像素，"阈值"为8色阶，如左图所示。

（3）执行"图像/新建调整图层/照片滤镜"，设置使用"深褐"滤镜，"浓度"为100%，如左图所示。

（4）将作品存储为"岁月留痕.jpg"。

范例项目小结

在本范例项目中，我们主要利用"色彩平衡"和"色相/饱和度"命令按需对于图像色彩进行调整，同时也用到了"阴影/高光"命令调整图像的曝光度，增加其阴影和高光区域的细节部分。我们还利用"照片滤镜"使图像进一步产生老旧的偏色效果。

此外，我们也用到了"蒙尘与划痕"、"USM锐化"滤镜处理图像。

在操作中，有些命令具有异曲同工之妙，我们要不断地体验和摸索，采用最方便、最快捷的方法实现我们所要的效果。

小试身手——"辉洒海滩"效果制作

路径指南

本例作品参见下载资料"第3章\第2节"文件夹中的"辉洒海滩.psd"文件，需要的图像素材为"第3章\第2节"文件夹中的"SC3-2-2.jpg"。

设计结果

制作完成的效果如右图所示。

设计思路

首先利用"阴影/高光"命令调整图像曝光度,增加其细节部分。然后利用"色彩平衡"、"照片滤镜"、"色相/饱和度"、"亮度/对比度"等命令调整图像的色彩。最后为图像添加"镜头光晕"的光照效果。

操作提示

(1)打开下载资料"第 3 章\第 2 节"文件夹中的"SC3-2-2.jpg"素材文件,如右图所示,将图像另存为"辉洒海滩.psd"。

(2)执行"图层/新建调整图层/照片滤镜"命令,设置使用"加温滤镜(LBA)","浓度"为 100%,使得图像的色彩呈暖色调。

(3)下面要调整天空部分的颜色,使其变得更红。执行"图层/新建调整图层/色相/饱和度"命令,设置全图的"色相"为 -11,"饱和度"为 +20,"明度"为 0。

图层蒙版缩览图

图层缩览图

(4)设置前景色为黑色,背景色为白色。在"图层"面板上点击"色相/饱和度 1",调整图层的图层蒙版缩览图。选取"渐变工具",自下而上拖动鼠标形成由黑到白的渐变蒙版,"图层"面板如右三图所示。操作结果为仅天空部分的颜色变得更红,而图像下半部不受"色相/饱和度"命令的影响。

(5)执行"图层/新建调整图层/曲线"命令,创建"曲线 1"调整图层,在"属性"面板中,调整曲线形状,如右图所示,进一步增加图像的对比度。

（6）接下来再次单独调整天空色彩。用"快速选择工具"选取天空。执行"图层/新建调整图层/亮度/对比度"命令，设置"亮度"为－19，"对比度"为27。

（7）最后要为天空增加一个太阳。复制"背景"图层，生成"背景副本"图层。

（8）确认"背景副本"图层为当前图层，执行"滤镜/渲染/镜头光晕"命令，设置"亮度"为80％，选择"105毫米聚焦"，在缩览图上移动十字加号到远方山脉处，如左图所示，点击"确定"形成光晕效果。

（9）最后要将光晕藏到山后。再次用"快速选择工具"选取天空，点击"图层"面板下方的"添加矢量蒙版"按钮，为"背景副本"图层添加蒙版，此时的"图层"面板如左图所示。

（10）将作品存储为"辉洒海滩.jpg"。

第三节　匹配颜色、替换颜色、可选颜色和通道混合器的应用

知识点和技能

使用"匹配颜色"命令可以将不同图像、同一图像的不同图层或者多个颜色选区中的颜色保持一致，还可以通过更改亮度和色彩范围来调整图像中的颜色。

使用"替换颜色"命令可以选择图像中的特定颜色，设置其色相、饱和度和亮度，也可使用拾色器来选择替换颜色。

"可选颜色"和"通道混合器"命令都可以允许我们分别对各通道进行颜色调整，通过调整各通道的常数值来增加该通道的补色。

这些也都是在利用Photoshop处理图像色彩中最为常用的命令。

范例——"草原夏景"效果制作

设计结果

青翠的草地，郁郁葱葱的树木，悠闲的牛群，草原的夏季总是这样生机勃勃。

本项目效果如右图所示（参见下载资料"第3章\第3节"文件夹中的"草原夏景.psd"）。

设计思路

（1）首先利用"通道混合器"调整图像整体色彩。

（2）再利用"可选颜色"命令进行色彩的细微调整。

（3）最后利用"亮度/对比度"命令调整图像的明暗程度。

范例解题导引

Step 1

我们首先要利用"通道混合器"调整图像整体色彩。

（1）打开下载资料"第3章\第3节"文件夹中的"SC3-3-1.jpg"文件，如右图所示。将图像另存为"草原夏景.psd"。

（2）执行"图层/新建调整图层/通道混合器"命令，在弹出的"新建图层"对话框中，采用默认参数，点击"确定"，此时将新建一个名为"通道混合器1"的调整图层，"图层"面板如右图所示。

■ 小贴士

"创建新的填充或调整图层"按钮可直接完成各种不同调整图层的构建。调整图层与直接作用图像的调整命令相比最大的好处在于可以保留修改过程，便于后期的恢复调整。

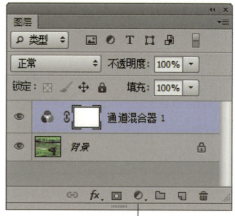

创建新的填充或调整图层

（3）双击"通道混合器 1"的图层缩览图，在弹出的"属性"面板中设置"输出通道"为红，下面的"红色值"为 + 61%，如左图所示。

（4）选取"输出通道"为绿，设置下面"绿色"值为 + 115%，"蓝色"值为 - 31%。

（5）选取"输出通道"为蓝，设置"蓝色"值为 + 43%，此时图像的绿色将更明显。

Step 2

接着利用"可选颜色"命令进一步调整图像色彩。

（1）点击"图层"面板下方的"创建新的填充或调整图层"按钮，在弹出的菜单中选取"可选颜色"命令，新建一个名为"选取颜色 1"的调整图层。

（2）在可选颜色属性中，选择"绝对"方式，选取"颜色"为绿色，将下方参数"青色"调整为 + 15%，"洋红"为 - 9%，"黄色"为 + 9%，"黑色"为 + 43%，如左图所示。

（3）选取"颜色"为黄色，将下方参数"黑色"调整为 + 50%，此时图像的绿色较之先前将更深。

Step 3

最后利用"亮度/对比度"命令调整图像明暗程度。

（1）点击"图层"面板下方的"创建新的填充或调整图层"按钮，在弹出的菜单中选取"亮度/对比度"命令，新建一个名为"亮度/对比度1"的调整图层。

（2）在亮度/对比度属性中，设置"亮度"为28，"对比度"为42，如右图所示。

（3）完成后的"图层"面板如右图所示。将调整完毕的作品存储为"草原夏景.jpg"。

范例项目小结

在本范例项目中，我们主要利用"通道混合器"和"可选颜色"命令调整图像各色彩组成成分的比例。此外也用到了"亮度/对比度"命令调整图像的明暗程度和对比度。

在后面的练习中，我们还会练习如何用"匹配颜色"和"替换颜色"命令来调整图像的色彩。

要注意的是，不管使用哪种方法调整色彩，我们可以用不同的命令来实现相似的效果，关键要看是否为最优途径。在操作中，我们可以通过不断地体验和摸索，选用最佳、最便捷的方法来实现我们所要的效果。

小试身手——"草原秋色"效果制作

路径指南

本例作品参见下载资料"第3章\第3节"文件夹中的"草原秋色.psd"文件，需要的图像素材为"第3章\第3节"文件夹中的"SC3－3－1.jpg"。

平面设计 PhotoshoP CS6

设计结果

制作完成的效果如左图所示。

设计思路

首先利用"色阶"命令调整图像色阶，使得图像对比度加强。然后利用"通道混合器"来调整图像颜色。

操作提示

（1）首先打开"第3章\第3节"文件夹中的"SC3-3-1.jpg"素材文件，将图像另存为"草原秋色.psd"。

（2）点击"图层"面板下方的"创建新的填充或调整图层"按钮，在弹出的菜单中选取"色阶"命令，新建"色阶1"调整图层。

（3）在色阶属性中，设置输入色阶值为(25，0.77，255)，如左图所示。

（4）点击"图层"面板下方的"创建新的填充或调整图层"按钮，在弹出的菜单中选取"通道混合器"命令，新建"通道混合器1"调整图层。

（5）由于秋天的主色调是黄色，而黄色是由红色和绿色混合而成的。设置红色通道的红绿蓝色参数为(+100%，+200%，-100%)，如左图所示。另外设置绿色通道的红绿蓝色参数为(+100%，+100%，0)。

（6）点击"图层"面板下方的"创建新的填充或调整图层"按钮，在弹出的菜单中选取"亮度/对比度"命令，新建"亮度/对比度"调整图层。设置"亮度"为-15，"对比度"为+39。

（7）在"图层"面板中选择"背景"图层，用"矩形选框工具"选取图像的下半部分，然后执行"图像/调整/替换颜色"命令。在"替换颜色"对话框中设置"颜色容差值"为105，勾选"预览"选项。选取对话框上方第一个吸管工具，然后将吸管在图像中草原的白色部分进行点击；再选择中间带加号或减号的吸管，在不同地方进行点击，使得白色部分的取样增多或减少，最终确定替换颜色的选区范围。最后在下方替换参数中，设置"色相"为＋61，"饱和度"为＋73，"明度"为－20，如右图所示。当达到所要的颜色效果后，点击"确定"按钮。

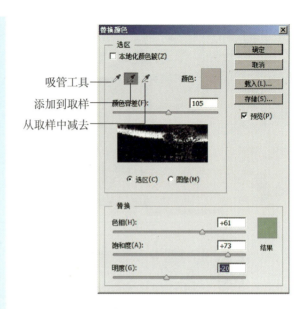

（8）将调整完毕的作品存储为"草原秋色.jpg"。

第四节　去色、反相、色调均化、渐变映射的应用

知识点和技能

Photoshop拥有非常强大的调整图像颜色的功能。除了前几章所学的关于色调和色彩调整的命令外，还有一些特殊颜色效果的调整命令。

"去色"命令可以在不改变图像的颜色模式的情况下将彩色图像转换为灰度图像，等同于降低图像的饱和度。

"反相"命令可反转图像色彩，常用于制作负片效果。

"渐变映射"命令可将相等的图像灰度范围映射到指定的渐变填充色。

"色调均化"命令可以重新分布图像中像素的亮度值，以便它们更均匀地呈现所有范围的亮度级。

"色调分离"命令则可以指定图像中每个通道的色调级（或亮度值）的数目，然后将像素映射为最接近的匹配级别。

此外，还有"阈值"命令，可以将灰度或彩色图像转换为高对比度的黑白图像。

在操作过程中，运用何种调色方法调整图像色彩，以达到理想的画面效果，还需要我们在范例项目中多多加以熟悉和体会。

范例——"水乡夜色"效果制作

设计结果

繁星点点的夜晚，整个水乡进入沉睡，唯有路灯点亮街景。

本项目效果如左图所示（参见下载资料"第3章\第4节"文件夹中的"水乡夜色.psd"）。

设计思路

（1）利用"反相"命令反转颜色形成夜景灯光。

（2）利用"点状化"滤镜和"阈值"命令形成天空的点点繁星。

范例解题导引

Step 1

我们首先要反转图像色彩，使白天的图像变成夜景。

（1）打开下载资料"第3章\第4节"文件夹中的"SC3-4-1.jpg"文件，如左图所示。将图像另存为"水乡夜色.psd"。

（2）执行"图像/调整/色调均化"命令，均匀图像亮度值。

（3）点击"图层"面板下方的"创建新的填充或调整图层"按钮，创建新的"亮度/对比度"调整图层，设置"亮度"为 -50，"对比度"为 -36。此时图像将由白天转为黑夜效果，如左图所示。

（4）在"图层"面板中，点击调整图层"亮度/对比度1"左侧的 👁 按钮，隐藏先前创建的这个调整图层。

（5）为了能够更迅速地选取要发光的路灯区域，首先利用"矩形选框工具"初步框选灯泡所在区域。然后再执行"选择/色彩范围"命令，这样我们可以在先前选区的基础上根据图像的色彩作进一步选取。在色彩范围对话框中，设置"颜色容差"为 28，然后用滴管工具在图像的灯泡区域进行点击，结果如右图所示。在"选择范围"模式下，预览区内呈白色的部分就是图像将被选择的区域。带加号和减号的滴管工具可以增加或删减选择区域。

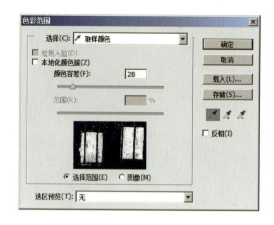

（6）接下来对于产生的选区还要进行柔化操作。执行"选择/修改/羽化"命令，设置"羽化半径"为 2 像素。

（7）进入"背景"图层，执行"编辑/拷贝"命令（或按 Ctrl + C）复制选区。再次执行"编辑/粘贴"命令（或按 Ctrl + V），将灯泡图像粘贴到新的"图层 1"，并保证"图层 1"在图像最上方，此时"图层"面板将如右图所示。

（8）右击"图层 1"，在图层的"混合选项"中勾选"颜色叠加"样式和"外发光"样式。设置叠加颜色为 RGB（242，152，58），如右图所示。

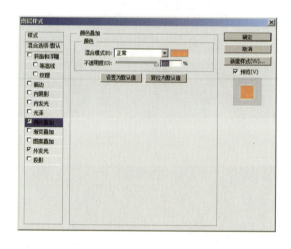

Step 2
　　然后我们要形成黑色夜空点点繁星的效果。

（1）选择"快速选择工具"，在工具选项中设置其为"添加到选区"模式。对"背景"图层的白色天空区域进行涂抹，从而选取水乡天空。对于多选择的大树，则可以借助"魔棒工具"，按住 Alt 键进行减选，也可按住 Ctrl 键进行加选，具体可参考本书关于选区的章节。

（2）按快捷键 Ctrl＋C 和 Ctrl＋V，将选取的天空复制并粘贴到新"图层 2"中，并把"图层 2"移动到图层最上方。

（3）执行"图像/调整/去色"命令，将天空图像中的杂色去除。

（4）执行"图像/调整/反相"命令，将白色天空变成黑色夜空，此时"图层"面板如左上图所示。

（5）新建"图层 3"。按住 Ctrl 键，点击"图层 2"的图层缩览图，再次选中天空区域。执行"编辑/填充"命令，用白色填充选区。

（6）设置背景色为黑色，执行"滤镜/像素化/点状化"命令，设置"单元格大小"为 6，此时的天空为点状的黑白相间色。

（7）执行"滤镜/模糊/高斯模糊"，设置模糊"半径"为 5 像素，此时的天空如左图所示。

（8）执行"图像/调整/阈值"命令，设置"阈值色阶"为 168，点击"确定"按钮。此时的天空图像成为大面积的白色中夹杂着星星点点的黑色图像。

（9）再次执行"图像/调整/反相"命令，此时图像颜色将被反转，图像变为大面积的黑色中夹杂点点白色。

（10）执行"滤镜/模糊/高斯模糊"命令，设置模糊"半径"为 2 像素，使白色杂点有朦胧感。

（11）设置"图层 2"的显示模式为"变暗"。"图层 3"的显示模式为"线性减淡（添加）"，"填充"为 60%。此时的图层面板如左图所示。

（12）最后使用"橡皮擦工具"将"图层 3"中多余的星星点点抹去。将制作完成的作品图像存储为"水乡夜色.jpg"。

平面设计 Photoshop CS6

在本范例项目中，我们主要运用"亮度/对比度"命令使得白昼变成黑夜，再利用"反相"命令反转图像颜色，得到夜间灯光效果。

同时我们也用到了"色调均化"命令使得图像更加鲜亮，还练习了采用"阈值"命令使得图像内容转为黑白两色。

要注意的是，对于色彩的调整，不同的命令，不同的参数，结果都各不相同。这些还需我们在今后的练习中不断摸索和体验。

小试身手——"水乡旧貌"效果制作

路径指南

本例作品参见下载资料"第 3 章\第 4 节"文件夹中的"水乡旧貌.psd"文件，需要的图像素材为"第 3 章\第 4 节"文件夹中的"SC3 - 4 - 1.jpg"。

设计结果

制作完成的效果如右图所示。

设计思路

首先利用"色调均化"命令调整图像的亮度值。然后再分别利用"去色"和"渐变映射"命令去除图像原有的色彩信息，形成老旧照片效果。最后通过两个图层的混合使得图像看上去更加柔和。

操作提示

（1）首先打开"第 3 章\第 4 节"文件夹中的"SC3 - 4 - 1.jpg"素材文件，将图像另存为"水乡旧貌.psd"。

（2）执行"图像/调整/色调均化"命令，均匀图像的亮度值。

（3）执行"图像/调整/去色"命令，此时彩色图像中的色彩信息将去除，自动转变为灰度图像。

（4）点击"图层"面板下方的"创建新的填充或调整图层"按钮，创建新的"渐变

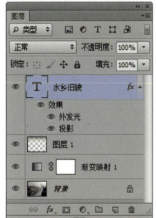

映射 1"调整图层。在渐变映射属性中,点击渐变色样本,打开渐变编辑器。设置渐变色两端分别为黑色和白色,中间 50% 位置为 RGB(161,137,106)的褐色,如左图所示。点击"确定",此时图像呈偏褐色的老旧照片效果。

(5)在"图层"面板最上方新建一个"图层 1",选取"渐变工具",设置从不透明褐色前景到透明白色背景的渐变色。在天空区域自上向下拖动鼠标,天空部分将被渐变色所代替。设置该图层的显示模式为"线性加深","不透明度"为 90%。

(6)用"横排文字工具"为图像添加褐色文字"水乡旧貌",字体为华文行楷,颜色为(115,53,31),大小为 150 点。为文字图层添加"投影"和"外发光"效果,此时"图层"面板如左图所示。

(7)最后点击"图层"面板下方的"创建新的填充或调整图层"按钮,创建新的"照片滤镜 1"调整图层。在照片滤镜属性中,设置"冷却滤镜(80)"的滤镜,"浓度"为 16%,如左图所示。

(8)将制作完成的作品存储为"水乡旧貌.jpg"。

第五节　阴影/高光和 HDR 色调的应用

知识点和技能

通过先前章节中学过的一系列色调调整命令,我们可以轻松地对照片整体或选中的局部进行调整。但对于一些光比过大的场景,例如,既有明亮的天空,又有阴影下的主体对象,调整时既要保证主体对象的正常曝光,又要使得明亮的天空有足够的细节,从而使得整个画面更为协调。而这样的调整用之前的所有命令想要一次性解决都显得有些力不从心。

Photoshop 新增的"阴影/高光"命令正是为解决诸如此类的问题而生,其可以轻松改善缺陷图像的对比度,同时保持照片的整体平衡,使图像更完美。

另外 Photoshop 还新增了"HDR 色调"命令,这是一个能够非常快捷地调色及增加清晰度的命令,使得图像亮的地方可以更亮,暗的地方可以更暗,同时亮暗部的细节都很明显,是解决大光比场景颜色暗淡、反差过大的一种方法。

在实际运用中,我们可以根据需求自由选择相应的工具进行图像的调整。

范例——制作"硕果累累"图像效果

设计结果

沉甸甸的杨梅挂满枝头,万绿丛中,凝翠流丹,俏丽诱人。本项目效果如右图所示(参见下载资料"第 3 章\第 5 节"文件夹中的"硕果累累. psd")。

设计思路

(1) 利用"阴影/高光"命令初步缩减高光区域。

(2) 利用"HDR 色调"命令进一步调整图像色彩饱和度。

范例解题导引

Step 1

我们首先要缩减图像的高光区域。

(1) 打开下载资料"第 3 章\第 5 节"文件夹中的"SC3 - 5 - 1. jpg"文件,如右图所示。将图像另存为"硕果累累. psd"。

(2) 执行"图像/调整/阴影/高光"命令,设置"阴影"的"数量"为 0%,即不作调整;设置"高光"的"数量"为 48%,缩减高光范围,如右图所示。

■ **小贴士**

勾选对话框的"预览"项,可以在图像上看到最终的调整结果。

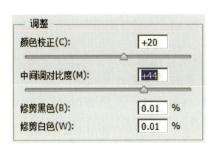

（3）勾选"阴影/高光"对话框最下方的"显示更多选项"复选框，在弹出的参数面板中修改"中间调对比度"数值为＋44，如左图所示。点击"确定"按钮完成调整。

Step 2

接着我们要进一步利用"HDR 色调"命令调整图像。

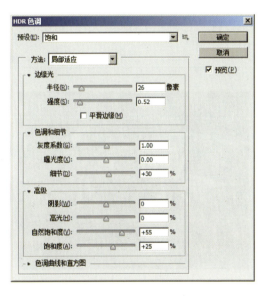

（1）执行"图像/调整/HDR 色调"命令，"预设"选择"饱和"，如左图所示。

（2）点击"HDR 色调"对话框最下方的色调曲线和直方图，调整色调曲线，如左图所示。点击"确定"按钮完成调整。

（3）将制作完成的作品存储为"硕果累累.jpg"。

平面设计 Photoshop CS6

在本范例项目中,我们主要运用"阴影/高光"命令使得图像在保证基本光比的情况下,缩减了高光和阴影区域的范围,同时也提高了图像中间调区域的对比度。

接着我们又用到了"HDR色调",通过预设参数基础上的进一步调整,使得图像更加鲜亮。

在实际的应用中,我们可以根据需求选择相应的命令进行图像的色彩调整。

小试身手——"百兽之王"效果制作

路径指南

本例作品参见下载资料"第3章\第5节"文件夹中的"百兽之王.psd"文件,需要的图像素材为"第3章\第5节"文件夹中的"SC3-5-2.jpg"。

设计结果

制作完成的效果如右图所示。

设计思路

首先利用"阴影/高光"命令初步调整图像的光影效果;然后再利用"HDR色调"命令进一步调整图像;最后利用"锐化工具"调整主体部分的清晰度。

操作提示

(1)首先打开"第3章\第5节"文件夹中的"SC3-5-2.jpg"素材文件,将图像另存为"百兽之王.psd",如右图所示。

(2)执行"图像/调整/阴影/高光"命令,设置"阴影"的"数量"为11%,"高光"的"数量"为37%,点击"确定"按钮完成调整。

(3)执行"图像/调整/HDR色调"命令,"预设"选取逼真照片高对比度。在下方的"色调和细节"参数中,将"曝光度"参数设为-1.40,如右图所示。点击"确定"完成调整。

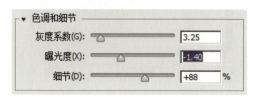

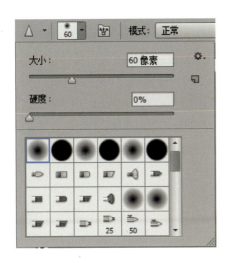

（4）最后选取"锐化工具"，在上方的工具选项内设置圆形笔刷，"大小"为60像素，"硬度"为0％，如左图所示，其余参数均保持默认设置。

（5）使用设置好的"锐化工具"在老虎图像的头部进行涂抹，以增加图像的清晰程度。

（6）将制作完成的作品存储为"百兽之王.jpg"。

提 高 篇

第四章　图层和蒙版的应用

图层在 Photoshop 中是一个最基本的功能。简单地说,图层就像一张透明的画布,你可以在它上面涂抹各种色彩、各种线条。当多个图层被重叠起来后,通过控制各个图层的透明度以及图层色彩混合模式,我们可以创建丰富多彩的图像特效。而这些图像特效是手工绘画无法表现出来的。因此,掌握图层的操作,是掌握 Photoshop 的关键。

蒙版,也可以理解为遮罩,它被用来保护被屏蔽的图层区域。当蒙版中出现黑色,则表示在被操作图层中的这块区域是完全透明的;而当蒙版中出现白色,则表示图层中这块区域被遮罩;当蒙版为灰色时,则表示这块区域以一种半透明的方式显示,透明的程度由灰度来决定。蒙版在 Photoshop 中是一个重点,运用得好可以给图像带来无穷的变化和效果。

第一节　文本图层、图像图层、背景图层的应用

知识点和技能

图层是 Photoshop 中一个很重要的概念,它是 Photoshop 软件的工作基础。因此,我们有必要掌握图层的几个重要的知识点。

(1) 图层的叠放次序:图层由下至上叠放,其摆放的秩序对应在图像中为由近及远。

(2) 图层的类型:图层分为文字图层、图像图层、背景图层、调整图层、形状图层,如下图所示。

① 文字图层:使用文字工具输入文字后,将自动产生一个图层,缩览图为 T。文字层不能直接应用滤镜,必须要栅格化后,变为图像图层才可以应用。

② 图像图层:最基本的图层类型。

③ 背景图层:最底部的图层,无法与其他图层调换叠放次序。但可转换为图像图层。

④ 调整图层:可以对调整层以下的图层进行色调、亮度、饱和度的调整。

⑤ 形状图层:使用形状工具创建图形后,将自动产生一个形状图层。

图层的应用可以通过"图层"菜单或"图层"面板来实现。下面我们通过下图来认识"图层"面板中的几个常用参数、标志及按钮:

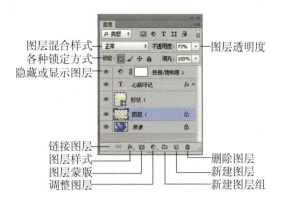

图层混合样式 —— 正常
各种锁定方式 —— 锁定
隐藏或显示图层

—— 不透明度:73% —— 图层透明度
—— 填充:100%

链接图层
图层样式
图层蒙版
调整图层

删除图层
新建图层
新建图层组

范例——"啤酒商标"的制作

设计结果

　　企业新成立,快来制作一个漂亮的商标吧。

　　本项目效果如左图所示(参见下载资料"第 4 章\第 1 节"文件夹下的"啤酒商标.psd")。

设计思路

　　首先新建背景色为白色的图层。然后新建图形图层,使用椭圆及矩形选区工具绘制选区并填充颜色。最后使用文字工具制作弧形文字。

范例解题导引

Step 1

　　首先新建图像,用"椭圆选框工具"绘制圆形选区,使用"存储选区"命令绘制环形边框。

　　(1) 新建 480×300 像素大小,分辨率 72 像素,RGB 模式,白色背景的文件。如左图所示。

　　(2) 新建"图层 1",选择"椭圆选框工具",按住 Alt + Shift 键,从画面正中间向外拖动鼠标,绘制正圆形选区,如左图所示。

　　(3) 执行"选择/存储选区"命令保存选区,在弹出的存储选区对话框中将其命名为"Alpha1"。

（4）执行"选择/变换选区"命令，按下保持长宽比按钮，把"W"数值改为120％，如右图所示。

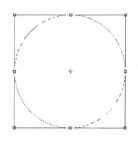

（5）执行"选择/载入选区"命令，在"载入选区"对话框里的"通道"选项后面的下拉菜单中选择"Alpha1"，勾选"从选区中减去"，如右图所示。

■ 小贴士

制作空心选区时可以用几何中的差集原理完成，用大的选区减去小的选区，利用"储存选区"和"载入选区"功能可以得到"添加到选区"、"从选区中减去"、"与选区交叉"三种结果。

（6）设置前景色为 RGB（204，153，51）如右图所示。

（7）按组合键 Alt + Delete，以前景色填充环形选区，结果如右图所示。

Step 2

导入 logo 图片并输入文字。

（1）打开下载资料"第 4 章\第 1 节"中的"logo. png"图片，并复制粘贴到"啤酒商标"文件中，如右图所示。

（2）按组合键 Ctrl＋T 自由变换 logo 大小和位置，如左图所示。

（3）选择"横排文字工具"，输入文字"浦江啤酒"，设置字体为黑体，大小为 100 点，颜色为 RGB(204,0,0)，如左图所示。

（4）点击"变形文字"按钮 工 ，选择"扇形"样式，设置"弯曲"为＋30％，如左图。

（5）输入文字"Pujiang Beer"，效果如左图所示。

Step 3
用"钢笔工具"绘制形状并将其转换为选区，填充适当的颜色。

（1）用"钢笔工具"绘制形状,再用"路径选择工具"编辑形状,效果如右图所示。

（2）点击"路径"面板下方的"将路径作为选区载入"按钮,将路径转化为选区,如右图所示。

（3）新建图层,设置前景色为 RGB (0,153,204)并填充,调整图层顺序,如右图所示。

（4）输入文字"浦江酒业有限责任公司",设置字体为黑体,大小为 48 点,颜色为白色,如右图所示。

（5）设置变形文字效果,选择"扇形"变形样式,勾选"水平"方向,"弯曲"值为 -88%,效果如右图所示。

（6）将作品保存为"啤酒商标.jpg"。

在本范例项目中,我们通过 Photoshop 图层的应用,分别使用图形图层、文字图层等放置不同的内容,方便编辑,最终合成需要的图形。

我们还对文字做了需要的编辑,制作出弯曲变形的文字效果。

小试身手——制作"企业标志"

路径指南

本例作品参见下载资料"第 4 章\第 1 节"文件夹中的"企业标志.psd"文件。

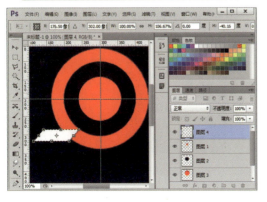

设计结果

制作完成的效果如左图所示。

设计思路

首先新建背景色为黑色的图层。然后绘制选区,在新建图层中填充颜色,调整图层顺序以产生图形前后遮挡的效果。最后把每个字母的图层进行编组。

操作提示

(1)新建 600×600 像素大小,背景内容为背景色的文档,如左图所示。

(2)新建图层,使用"椭圆选择工具"配合 Shift 键绘制正圆选区,用红色填充。执行"选择/变换选区"命令,等比例缩小选区。新建图层,以黑色填充选区。用同样的方法再次缩小选区,新建图层,以红色填充。

(3)新建图层,使用"矩形选择工具"绘制选区,用白色填充,按组合键 Ctrl + T 自由变换,使矩形变成平行四边形,如左图所示。

（4）用同样的方法在不同的图层绘制不同的平行四边形图形，完成第一个字母S的绘制，效果如右图所示。

（5）在"图层"面板中按住 Shift 键选中一个字母的各个图层，执行"图层/新建/从图层建立组"命令，把一个字母的各个图层编入一个图层组，如右图所示。

（6）用同样的方法绘制并建立字母 U 和 N 的图层组，效果如右图所示。

（7）输入文字"太阳传媒"，执行"窗口/字符"命令，打开"字符"面板，设置字体为黑体，字符间距为 1000，如右图所示。

（8）将作品保存为"企业标志.jpg"。

平面设计 Photoshop CS6

第二节　蒙版与抠图的应用

我们已经初步学会了"图层"面板的一些基本的操作,如:图层的建立、复制等,在接下去的章节中,我们要来认识图层中的一些特殊的特性。本章节中我们主要来认识一下图层蒙版。在"图层"面板中我们只需单击"添加图层蒙版"按钮，即可添加图层蒙版。

图层蒙版对当前图层起到了遮盖的作用。蒙版有 256 级灰度(CMYK100 级),通过不同的灰度影响图层不同的透明度。

接下来,我们通过下面的项目来体会一下图层蒙版的具体应用方法。

范例——"贺卡封面"制作

设计结果

　　是不是觉得商店中买到的贺卡缺少新意? 让我们动手制作属于自己的贺卡封面吧。

　　本项目效果如左图所示(参见下载资料"第 4 章\第 2 节"文件夹中的"贺卡封面.psd")。

设计思路

　　利用蒙版与粘贴入进行图像的合成;并对蒙版进行描边处理,得到艺术效果。

范例解题导引

　　(1) 打开下载资料"第 4 章\第 2 节"文件夹中的"SC4 - 2 - 1.jpg"、"SC4 - 2 - 2.jpg"文件,将"SC4 - 2 - 2.jpg"直接拖动到"SC4 - 2 - 1.jpg"中,并调整图片大小,效果如左图所示。

　　(2) 选择"图层 1",创建图层蒙版,将前景色设置为黑色。选择"自定形状工具",打开形状选项中的"污渍矢量包",选择"污渍 7"形状绘制图形,此时图形所覆盖区域呈透明状态,如左图所示。

（3）选择蒙版，按快捷键 Ctrl + I，对蒙版进行反相，效果如右图所示。

（4）新建图层选择"横排文字蒙版工具"，在新图层上输入数字 2，字体为华文行楷，大小为 200 点，如右图所示。

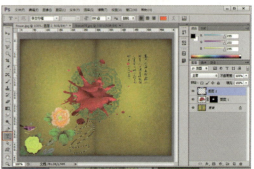

（5）打开下载资料"第 4 章\第 2 节"文件夹中的"SC4 - 2 - 3.jpg"，按住 Ctrl + A 进行全选，然后再按 Ctrl + C 进行复制，如右图所示。

（6）切换回目标文件，按快捷键 Ctrl + V 粘贴（也可执行"编辑/贴入"命令），调整贴入素材图片的大小。双击图层蒙版，打开"图层样式"面板，勾选"描边"，效果如右图所示。

（7）参照步骤（4）～（6），制作剩下的 3 组图片。将作品保存为"贺卡封面.jpg"。

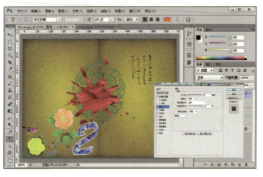

小试身手——"爱的旋律"艺术婚纱照的后期制作

路径指南

本例作品参见下载资料"第 4 章\第 2 节"文件夹下的"爱的旋律.psd"，需要的图像素材为"第 4 章\第 2 节"文件夹下的"SC4 - 2 - 7.jpg"～"SC4 - 2 - 9.jpg"。

设计结果

制作完成的效果如左图所示。

设计思路

（1）使用"自定形状工具"绘制心形图形，建立蒙版遮罩形状；

（2）使用图层蒙版遮罩人物图片；

（3）使用图层蒙版遮罩前景图片。

操作提示

（1）打开素材图片"SC4 - 2 - 7. jpg"，如左图所示。

（2）打开素材图片"SC4 - 2 - 8. jpg"，将其复制并粘贴到"SC4 - 2 - 7. jpg"中，如左图所示。

（3）选择"自定形状工具"，在工具属性栏中选择路径模式，在"形状"下的列表中选择"红心形"卡，在人物图片部分绘制心形路径，效果如左图所示。

（4）使用"路径选择工具"，调整锚点和控制杆调整路径形状，使人物被心形路径包围，如左图所示。

（5）点击"路径"面板底部的"将路径作为选区载入"按钮，建立心形选区，如右图所示。

（6）激活"图层"面板，点击"添加蒙版"按钮，人物图层被蒙版遮蔽成心形，效果如右图所示。

（7）选中人物图层缩略图，调整其大小和方向，满意后回车确认，如右图所示。

（8）选中图层蒙版缩略图，执行"滤镜/模糊/高斯模糊"命令，设置"半径"为8像素，效果如右图所示。

（9）打开素材图片"SC4-2-9.jpg"，复制粘贴到"SC4-2-7.jpg"中，自由变换，使图片充满画面，如右图所示。

（10）点击"添加蒙版"按钮，建立图层蒙版，如左图所示。

（11）选择"渐变工具"，设置渐变色为"黑，白渐变"，在"图层"面板选中图层蒙版缩略图，在画面上从上往下拖动鼠标绘制渐变色。

（12）将文件保存为"爱的旋律.jpg"。

 范例项目小结

在本范例项目中，我们通过 Photoshop 图层蒙版的应用，把不同的内容放置在不同图层，并根据需要显示图层中的部分内容；通过在蒙版上绘制黑白灰色，方便地编辑要显示的内容，最终合成需要的图形。

第三节　图层样式的应用

知识点和技能

在"图层"面板底部，除了"添加蒙版"按钮外，还有"添加图层样式"按钮。利用图层样式，我们可以对图层添加投影、浮雕等效果。但必须要注意：图层样式无法直接应用于背景图层。

范例——制作"乐魂"招贴

设计结果

火焰与闪电，舞者和吉他在烟火云雾中若隐若现，让我们一起来完成这个充满动感的招贴吧。

本项目效果如左图所示（参见下载资料"第4章\第3节"文件夹下的"乐魂.psd"）。

设计思路

（1）首先将火焰、舞者、吉他移动到目标背景中。利用图层样式中的混合选项制作出舞者在火焰中穿越的效果。

（2）然后利用图层样式制作文字渐变色和外发光效果。

范例解题导引

Step 1

　　首先我们要将各个元素移动到背景中，为它们添加图层样式，制作出舞者在火焰中穿越的效果。

　　（1）打开下载资料"第4章\第3节"文件夹中的火焰素材图片"SC4－3－1.jpg"，如右图所示。

　　（2）打开下载资料"第4章\第3节"文件夹中的闪电素材图片"SC4－3－2.jpg"，拖入火焰图片。设置其模式为变亮，效果如右图所示。

　　（3）打开下载资料"第4章\第3节"文件夹中的舞者素材图片"SC4－3－3.psd"，复制粘贴到背景中，调整其大小和位置，如右图所示。

（4）把舞者图层的混合模式改为滤色，效果如左图所示。

（5）打开下载资料"第 4 章\第 3 节"文件夹中的素材图片"SC4－3－4. psd"，将其移至背景中并调整大小和角度，如左图所示。

（6）把吉他图层的混合模式改为线性减淡（添加），效果如左图所示。

> **Step 2**
> 接下来，我们要制作文字的渐变和外发光效果。

（1）输入文字"乐魂"，设置字体为黑体，大小为 200 点，字符间距为 200，字体颜色为红色，如右图所示。

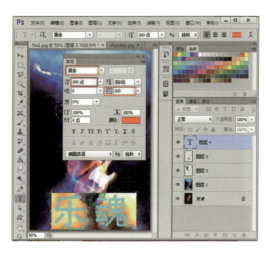

（2）右击文字图层，选择"栅格化文字"，如右图所示。

（3）按组合键 Crtl + T 自由变换文字，按住 Ctrl + Alt + Shift 的同时拖动文字左上角或右上角控制点，得到透视变形，如右图所示。

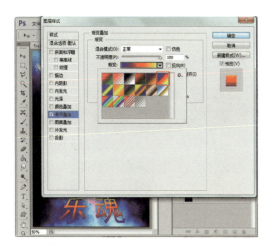

（4）双击文字图层，打开"图层样式"面板，勾选"渐变叠加"，选择"蓝，红，黄渐变"，如左图所示。

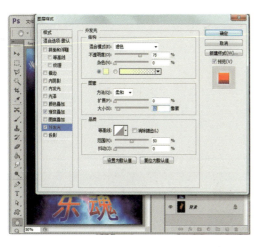

（5）勾选"外发光"，设置"大小"为10，如左图所示。

（6）将作品保存为"乐魂.jpg"。

小试身手——"水晶字体"效果制作

路径指南
本例作品参见下载资料"第4章\第3节"文件夹中的"水晶字体.psd"文件。

设计结果
制作完成的效果如左图所示。

设计思路
利用"图层样式"面板的各个参数的调整，制作出文字水晶般的质感。

操作提示
（1）新建 600×450 像素大小，72 像素/英寸，黄色背景的文件，输入文字"翠玉轩",字体为方正琥珀简体,如右图所示。

（2）双击文字图层,打开"图层样式"面板,勾选"颜色叠加",参数设置如右图所示。

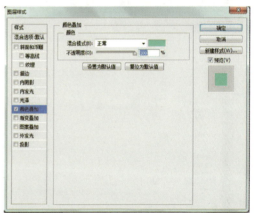

（3）勾选"斜面和浮雕",参数设置如右图所示。

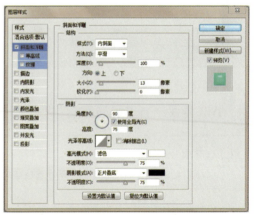

（4）勾选"内阴影"选项,参数设置如右图所示。

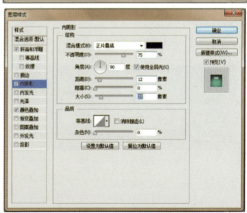

平面设计PhotoshoP CS6

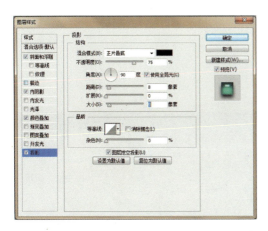

（5）勾选"投影"选项，参数设置如左图所示。

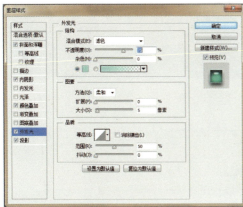

（6）勾选"外发光"选项，参数设置如左图所示。

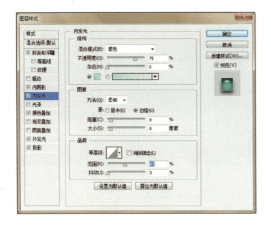

（7）勾选"内发光"选项，参数设置如左图所示。

（8）将作品存储为"水晶字体.jpg"。

第四节　图层编组和图层构图方法的应用

知识点和技能

图层编组是图层应用中一项重要的功能，它可以将当前图层与其下面的一层或多层图层编组，图层编组的效果可以看作是将下层图层作为上层图层的蒙版。上层图层显示的是其填充的图案，下层图层显示的是其填充的范围和形状。

在本项目中我们使用图层编组的方法来制作一些特殊的效果。

范例——制作"百花齐放"图像效果

设计结果

春天来临，百花齐放，让我们来制作一个百花园吧。

本项目效果如右图所示（参见下载资料"第 4 章\第 4 节"文件夹中的"百花齐放.psd"）。

设计思路

（1）首先制作文字效果。

（2）然后为图层编组并添加效果。

范例解题导引

Step 1

我们首先要进行的工作是制作文字效果。

（1）打开下载资料"第 4 章\第 4 节"文件夹中的素材图片"SC4-4-1.jpg"，如右图所示。

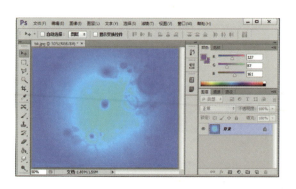

（2）使用"横排文字工具"分别输入文字"百"、"花"、"齐"、"放"，每个字各一个图层，并调整文字角度，如右图所示。

（3）打开四张素材花卉图片"SC4-4-2.jpg"～"SC4-4-5.jpg"，分别放在每个文字图层的上面，并调整大小、位置和角度，如左图所示。

Step 2

然后为图层编组并添加效果。

（1）选中文字图层上的花卉图层，执行"图层/创建剪贴蒙版"命令，建立剪切蒙版，重复这个步骤，如左图所示。

（2）选中所有文字及花卉图层，执行"图层/图层编组"命令。

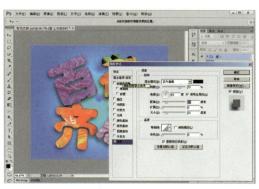

（3）单击"图层"工作面板底部的"添加图层样式"按钮，在弹出的下拉菜单中选取"投影"，具体参数如左图所示。

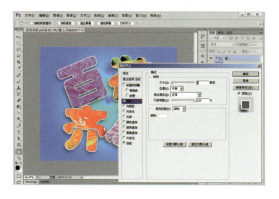

（4）单击对话框左侧选项卡中的"描边"，设置文字的描边效果，具体参数设置如左图所示。

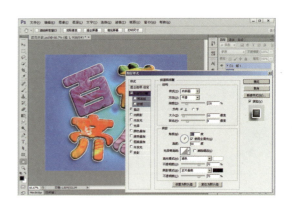

　　（5）单击对话框左侧选项卡中的"斜面和浮雕"，设置文字的浮雕效果，具体参数设置如右图所示，完成后单击"确定"按钮。

　　（6）完成所有文字的效果制作，将作品保存为"百花齐放.jpg"。

范例项目小结

　　在本范例项目中，我们使用的是多层编组，在编组多层时必须同时选中需要编组的图层。由于编组命令是向下编组，因此，必须确保编组时当前图层是在需要编组的最上方图层。

　　除了对多图层编组外，我们还可将当前图层与其下面的单个图层进行编组。

小试身手——制作"童趣"拼图

路径指南

　　本例作品参见下载资料"第4章\第4节"文件夹中的"童趣.psd"文件。

设计结果

　　制作完成的效果如右图所示。

设计思路

　　先利用多边形工具绘制单个六边形蜂巢图形，复制拼合成需要的图形。然后将照片图层与蜂巢图层建立图层剪贴蒙版，对蜂巢和图片图层进行编组。最后对蜂巢图层设置图层样式，增加效果。

操作提示

　　（1）打开下载资料"第4章\第4节"文件夹中的素材图片"SC4-4-6.jpg"。新建图层，选择"多边形工具"，设定边数为6，绘制方式为填充像素，按住Shift绘制一个标准的六边形，如右图所示。

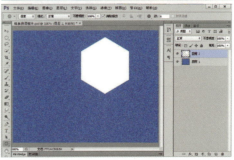

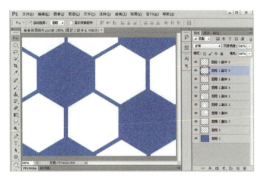

（2）将图层复制多次并调整位置，效果如左图所示。

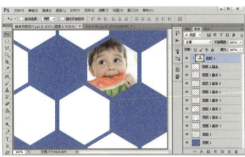

（3）打开素材图片，注意放置在需要填充的六边形上方并对齐位置，执行"图层/创建剪贴蒙版"命令，如左图所示。

（4）用相同的方法把其他图片放入各个六边形，效果如左图所示。

（5）选择所有文字以及图片图层，执行菜单"图层/图层编组"命令，图层编组后"图层"面板效果如左图所示。

（6）打开蜜蜂素材图片，如左图所示。

（7）把素材拖入工作文件并调整大小，如右图所示。

（8）给蜜蜂图层添加图层样样式，如右图所示。

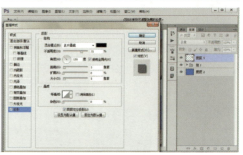

（9）右击图层样式，在弹出的菜单里选择"创建图层"，把图层样式和蜜蜂图层分离，如右图所示。

（10）选中投影图层，执行"图层/创建剪贴蒙版"命令。

（11）创建蒙版后效果如右图所示，我们看到投影不出现在背景上了。

（12）分别输入文字并调整其位置和大小，如右图所示。

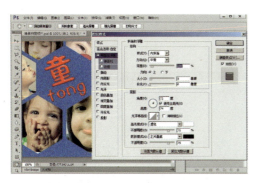

（13）选中文字图层并编组。

（14）给文字图层添加"斜面和浮雕"效果，如左图所示。

（15）设置"投影"效果，如左图所示。

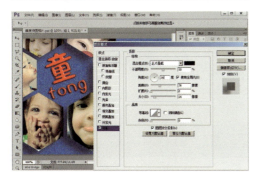

（16）选中蜂巢图层组并添加"投影"效果，如左图所示。

（17）将作品保存为"童趣.jpg"。

第五节　自动混合图层、堆叠图像及加深景深的应用

知识点和技能

本节中，我们一起来学习一下"自动对齐图层"与"自动混合图层"命令。

"自动对齐图层"命令可以根据不同图层中的相似内容（如：角和边）自动对齐图层。可以指定一个图层作为参考图层，也可以让 Photoshop 自动选择参考图层。其他图层将与参考图层对齐，以便匹配的内容能够自行叠加。

使用"自动混合图层"命令可缝合或组合图像，从而在最终复合图像中获得平滑的过渡效果。"自动混合图层"将根据需要对每个图层应用图层蒙版，以遮盖过度曝光或曝光不足的区域或内容差异。"自动混合图层"仅适用于 RGB 或灰度图像。不适用于智能对象、视频图层、3D 图层或背景图层。

范例——"盆栽"效果制作

设计结果

　　在拍摄小物品时,除了打光之外我们最常遇到的问题就是景深不够深,导致拍出来的相片无法完整清晰地呈现物品的样貌,我们可以利用 Photoshop CS6 提供的"自动混合图层"功能解决这一问题。

　　本项目效果如右图所示(参见下载资料"第 4 章\第 5 节"文件夹中的"盆栽.psd")。

设计思路

　　(1)导入素材图片,并且将素材图片进行自动对齐。

　　(2)选中所有图层,利用"自动混合图层"功能完成制作。

范例解题导引

> **Step 1**
> 　　首先我们要导入素材图片,并将它们自动对齐。

　　(1)执行"文件/脚本/将文件载入堆栈"命令。

　　(2)在开启的"载入图层"对话框中单击"浏览",找到素材照片"SC4－5－1.jpg"～"SC4－5－3.jpg",勾选对话框底部的"尝试自动对齐源对象",点击"确定"按钮,如右图所示。

　　(3)此时 Photoshop 会开启一个新文件,而在该文件中,我们会发现刚刚所选择的相片各自成为不同的图层。利用"裁剪工具"对文件进行裁剪,将图像边缘白色的部分去除掉,如右图所示。

接下来使用"自动混合图层"命令完成效果制作。

（1）全选所有图层，执行"编辑/自动混合图层"命令。

（2）在"自动混合图层"对话框中选择"堆叠图像"，并勾选"无缝色调和颜色"，点击"确定"按钮，如左图所示。

（3）将作品保存为"盆栽.jpg"。

 范例项目小结

在本范例项目中，我们使用脚本对素材进行批量导入，并使用"自动混合图层"命令解决了景深不足的问题。以后如果碰到类似的问题，我们也能轻松解决了。

小试身手——"青春年华"集体照合成制作

路径指南

本例作品参见下载资料"第4章\第5节"文件夹中的"青春年华.psd"文件，所需图像素材为下载资料"第4章\第5节"文件夹中的"SC4-5-4.jpg"、"SC4-5-5.jpg"。

设计结果

制作完成的效果如左图所示。

设计思路

利用"自动对齐图像"和蒙版将集体照中不理想的人物表情进行修正，并添加人物。

（1）执行"文件/脚本/将文件载入堆栈"命令，在"载入图层"对话窗口中单击"浏览"，找到下载资料"第4章\第5节"文件夹中的素材"SC4－5－4.jpg"、"SC4－5－5.jpg"，点击"确定"按钮。

（2）此时"图层"面板建立了两个图层，如右图所示。

（3）选择"图层"面板中的所有图层，然后执行"编辑/自动对齐图层"命令。

（4）在"自动对齐图层"对话框中，选择"自动"投影，然后点击"确定"，如右图所示。

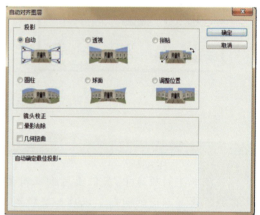

（5）选中上方的图层，单击"图层"面板下方的"添加图层蒙版"按钮，为该图层添加图层蒙版，如右图所示。

（6）选择"画笔工具"，设置笔刷大小为65，"硬度"为60%，调整前景色为黑色，单击蒙版，对着集体照中人物表情不满意的地方进行涂抹。涂抹前后效果对比如右图所示。

（7）将图片保存为"青春年华.jpg"。

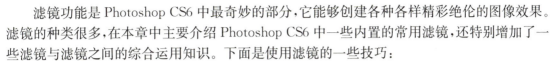

第五章　滤镜的应用

滤镜功能是 Photoshop CS6 中最奇妙的部分,它能够创建各种各样精彩绝伦的图像效果。滤镜的种类很多,在本章中主要介绍 Photoshop CS6 中一些内置的常用滤镜,还特别增加了一些滤镜与滤镜之间的综合运用知识。下面是使用滤镜的一些技巧:

(1) 对局部图像进行效果处理时,可以对选区设定羽化值,使要处理的区域能自然地与原图像融合,减少突兀感。

(2) 使用快捷键 Ctrl + Z 不断地切换,可对比执行滤镜前后的效果。在使用滤镜处理图像时要注意图层的使用和通道的使用,可以单独地对图像和通道进行滤镜处理,处理完成后再把这些图层和通道进行合成。

(3) 按下 Ctrl + F 组合键,可重复执行上次使用过的滤镜,但此时不会调整滤镜参数。如要打开上次使用的滤镜对话框以调整参数,可按下 Shift + Ctrl + F 组合键。

滤镜的操作虽然简单,但是要得到好的效果却并不容易。除了需要设计者具有一定的美学基础外,还需要对滤镜的熟悉和操控能力。恰到好处地利用滤镜效果可以让同学们在艺术设计能力上得到很大提高。

第一节　渲染类滤镜的应用

知识点和技能

滤镜分为内置滤镜和外置滤镜,在本章中主要介绍的为内置滤镜。滤镜通常需要同通道、图层等联合使用,才能取得最佳艺术效果。

渲染类滤镜是滤镜菜单中专门的一个类别,它们的特点就是其自身可以产生图像,典型代表就是云彩滤镜,它利用前景和背景色来生成随机云雾效果。由于是随机,所以每次生成的图像都不相同。充分而适度地利用好滤镜不仅可以改善图像效果、掩盖缺陷,还可以在原有图像的基础上产生许多特殊、炫目的效果。

范例——"彩色冰裂特效"制作

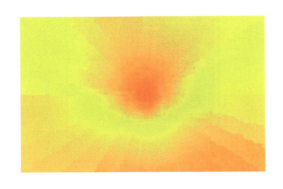

设计结果

利用云彩、光照等滤镜,发挥自己的想象力,生成具有绚丽夺目效果的彩色冰裂特效图。

本项目效果如左图所示。(参见下载资料"第 5 章\第 1 节"文件夹中的"彩色冰裂特效.psd")。

设计思路

　　首先新建背景色为白色的图层,然后依次使用不同的滤镜,使图像生成一定的渐变裂痕效果。最后通过对图像色阶、渐变映射的调整与设置,使图像更具有创意感。

范例解题导引

Step 1

　　首先新建图像并使用"云彩"滤镜,使背景呈现黑白云彩。

　　(1) 新建大小为 480×300 像素,分辨率为 72 像素,RGB 模式,背景色为白色的文件,如右图所示。

　　(2) 直接在背景层上执行"滤镜/渲染/云彩"命令,如右图所示。

■ 小贴士

　　由于云彩的黑白灰效果是随机产生的,所以"云彩"滤镜可以重复使用。如果对效果不是很满意的话,我们可以多做几次。

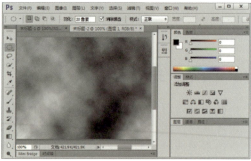

Step 2

　　接着利用"马赛克"滤镜和"动感模糊"命令使云彩产生肌理效果。

　　(1) 执行"滤镜/像素化/马赛克"命令,使用默认参数,使云彩产生黑白灰的小方块,如右图所示。

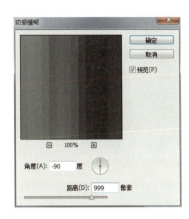

（2）执行"滤镜/模糊/动感模糊"命令，参数设置如左图所示。

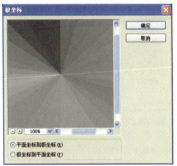

（3）执行"滤镜/扭曲/极坐标"命令，选择"平面坐标到极坐标"，点击"确定"按钮，如左图所示。

Step 3

接着继续利用其他滤镜使画面呈现放射状裂纹效果。

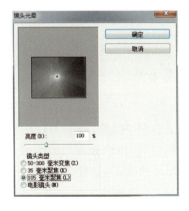

（1）执行"滤镜/渲染/镜头光晕"命令，参数设置如左图所示。

（2）执行"滤镜/扭曲/海洋波纹"命令，并拖动中心点位置，设置参数如左图所示。

（3）用"椭圆选框工具"在图像中部创建一个正圆选区，设置其"羽化"为 20 像素，如右图所示。

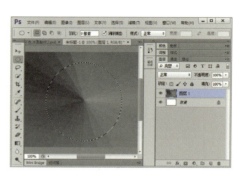

（4）执行"滤镜/扭曲/球面化"和"滤镜/模糊/径向模糊"命令，如右边两张图所示。

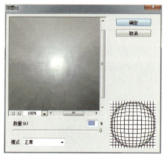

■ 小贴士

"径向模糊"参数的设置中，"旋转"经常用于体现物体的高速旋转状态，"缩放"经常用于体现物体的夸张闪现。

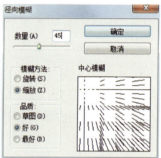

Step 4
调整图像色阶、色相/饱和度或渐变映射，将图像着色为自己喜欢的颜色。

（1）执行"图像/调整/自动色阶"及"图像/调整/色相饱和度"命令，使图像中心放射出彩色光芒，如左图所示。

（2）使用"色相/饱和度"或"渐变映射"为图像着色，如左图所示。
（3）将作品保存为"彩色冰裂特效.jpg"。

在本范例项目中,我们通过"马赛克"和"动感模糊"滤镜产生线条效果,然后利用"极坐标"将其变为放射线。用"海洋波浪"滤镜改变线条的死板感。

通过这个项目的制作,我们尝试了使用滤镜制作特殊效果。在使用滤镜时,有些滤镜完全是在内存中处理,所以内存的容量对滤镜的生成速度影响很大。有些滤镜很复杂或者要应用滤镜的图像尺寸很大,执行时可能会需要很长时间,如果想结束正在生成的滤镜效果,只需按 Esc 键即可。

如果要重复前一次使用的滤镜,我们可以按快捷键 Ctrl + F 重复执行。或者选择出现在滤镜菜单顶部的命令,对图像再次应用上次使用过的滤镜效果。

如果在滤镜设置窗口中对自己调节的效果感觉不满意,希望恢复调节前的参数,可以按住 Alt 键,这时"取消"按钮会变为"复位"按钮,单击此按钮就可以将参数重置为调节前的状态。

小试身手——制作"谁"人物抽象画

路径指南

本例作品参见下载资料"第 5 章\第 1 节"文件夹中的"谁.psd"文件。

设计结果

制作完成的效果如左图所示。

设计思路

首先新建背景色为白色的图层;然后使用不同的滤镜,使图像具有流体质感效果;最后通过对图像"色相/饱和度"的调整,完成半流体溢出效果图。

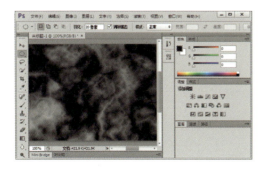

操作提示

(1)新建白色背景文件,执行"滤镜/渲染/分层云彩"命令按 Ctrl + F 重复执行,直到调整到合适的黑白灰效果,如左图所示。

（2）执行"滤镜/艺术效果/干笔画"命令，参数设置如右图所示。

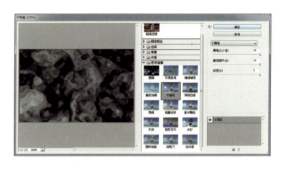

（3）执行"滤镜/扭曲/极坐标"命令，选择"平面坐标到极坐标"。

（4）按快捷键 Ctrl + F，重复执行"极坐标"滤镜三四次，效果如右图所示。

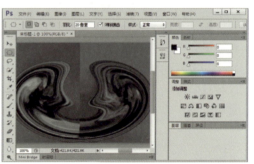

（5）执行"图像/调整色相/饱和度调整"命令，参数设置如右图所示。

（6）新建图层，输入文字"谁"，设置大小为 60 点，字体为宋体-方正。

（7）为了使文字符合画面的变形效果，执行"图层/文字/文字变形"命令，参数设置如右图所示。

（8）最后对文字图层添加"外发光"效果，将作品保存为"谁.jpg"。

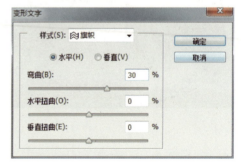

第二节　像素类滤镜的应用

知识点和技能

在本节中我们主要使用的是像素类滤镜，像素类滤镜包括了彩块化、彩色半调、点状化、晶格化、马赛克、碎片、铜板雕刻等多种滤镜。我们若把影像放大数倍，会发现这些连续色调其实是由许多色彩相近的小方点所组成,这些小方点就是构成影像的最小单位——像素。

像素化滤镜的种类丰富,在这里我们主要介绍一些常用的像素化滤镜效果。

范例——"秋雨"风景设计

设计结果

秋雨绵绵,一片树叶悄然落下,化作一叶扁舟,静静地漂游。

本项目效果如左图所示(参见下载资料"第 5 章 \ 第 2 节"文件夹中的"秋雨.psd")。

设计思路

首先调整图片与背景大小。然后使用"点状化"滤镜、蒙版和"模糊"滤镜形成雨幕效果。最后通过对图像色阶的调整,使风景照片更具情怀。

范例解题导引

Step 1

首先新建一个白色背景的文件,导入素材图像,添加一个黑色蒙版。

(1)新建大小为 520×380 像素,分辨率为 72 像素,RGB 模式,背景色为白色的文件。

(2)置入下载资料"第 5 章 \ 第 2 节"文件夹中的"SC5 - 2 - 1.jpg"并调整其大小,使其与背景符合,如左图所示。

(3)为图片图层添加蒙版,双击快速蒙版,在"属性"面板中选择"反向",将白色蒙版转换为黑色蒙版,如左图所示。

　　使用"点状化"和"动感模糊"滤镜,使图像产生下雨的效果。

　　(1) 选中蒙版,执行"滤镜/像素化/点状化"命令,"单元格大小"设为5,如右图所示。

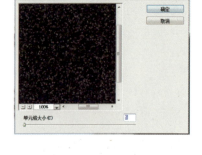

　　(2) 为了让雨点效果更加逼真,我们还需要执行"滤镜/模糊/动感模糊"命令,参数设置如右图所示。

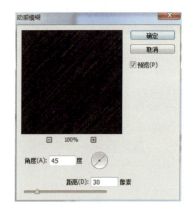

　　(3) 在蒙版属性中选择反向,效果如右图所示。

Step 3
　　最后,为了使雨景效果更加逼真,还要进行色阶调整,并添加文字。

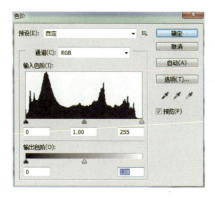

（1）选中图层缩览图，执行"图像/调整/色阶"命令，参数设置如左图所示。

（2）输入文字"秋雨"，为文字添加"外发光"效果，如左图所示。

（3）将作品保存为"秋雨.jpg"。

 范例项目小结

　　在本范例项目中，我们体会到了像素滤镜带给我们在编辑图像过程中的方便和乐趣。像素化滤镜将图像分成一定的区域，将这些区域转变为相应的色块，再由色块构成图像，类似于色彩构成的效果。

　　"彩块化"滤镜：使用纯色或相近颜色的像素结块来重新绘制图像，类似手绘的效果。

　　"彩色半调"滤镜：模拟在图像的每个通道上使用半调网屏的效果，将一个通道分解为若干个矩形，然后用圆形替换掉矩形，圆形的大小与矩形的亮度成正比。

　　"点状化"滤镜：将图像分解为随机分布的网点，模拟点状绘画的效果。使用背景色填充网点之间的空白区域。

　　"晶格化"滤镜：使用多边形纯色结块重新绘制图像。

　　"碎片"滤镜：为图像创建四个相互偏移的副本，产生类似重影的效果。

　　"铜版雕刻"滤镜：使用黑白或颜色完全饱和的网点图案重新绘制图像。

　　"马赛克"滤镜：马赛克效果，将像素结为方形块。

小试身手——"晶格化文字"效果制作

路径指南

　　本例作品参见下载资料"第5章\第2节"文件夹中的"晶格化文字.psd"文件。

设计结果

制作完成的效果如右图所示。

设计思路

首先用滤镜对文本进行特殊处理,得出边缘不规则的文字底纹效果;然后结合图层样式,创建出另类的文字特效。

操作提示

(1) 新建一个 8×6 厘米,分辨率为 200 的文档,使用黑色将背景填充。然后输入文本 PHOTO,设置字体为方正超粗黑简体,字号为 60 点,如右图所示。

(2) 选中文字图层,单击鼠标右键,选择"栅格化文字"命令。然后执行"滤镜/模糊/高斯模糊"命令,设置参数为 5,如右图所示。

(3) 执行"滤镜/像素化/马赛克"命令,设置参数为 9,如右图所示。

（4）执行"滤镜/锐化/锐化"命令，然后按快捷键 Ctrl + F，重复"锐化"命令 3 次，效果如左图所示。

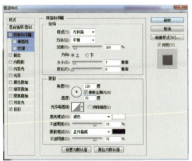

（5）为文字添加图层样式，参数设置如左图所示。

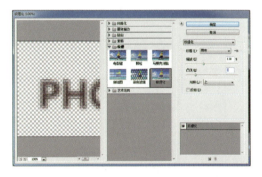

（6）执行"滤镜/纹理/纹理化"命令，参数设置如左图所示。

（7）执行"图像/调整/色相/饱和度"命令，参数如左图所示。

（8）复制文字图层，执行"编辑/变换/垂直翻转"命令，将翻转的文字调整到适当位置。

（9）选择"橡皮擦工具"，在工具属性栏中设置画笔直径为 300 PX，"不透明度"为 10％，然后在翻转后的图像上快速涂抹，直到得到类似倒影的效果为止，如左图所示。

（10）将作品保存为"晶格化文字.jpg"。

第三节　广角滤镜、油画滤镜和模糊滤镜的应用

使用广角镜头拍摄照片时,都会有镜头畸变的情况,照片边角位置会出现弯曲变形,即使再昂贵的镜头也是如此。在最新的 Adobe Photoshop CS6 的滤镜菜单中,添加了一个全新的"自适应广角"的命令。该命令可以在使用 Photoshop CS6 处理广角镜头拍摄的照片时,对镜头所产生的畸变进行处理,得到一张完全没有畸变的照片。

在本小节中,我们还要使用的是模糊类滤镜,模糊类滤镜包括了动感模糊、形状、径向、方框、特殊、表面、镜头和高斯等多种滤镜。模糊滤镜是滤镜中使用很频繁的一种滤镜,经常与其他滤镜共同配合使用,实现一些特殊的效果。在摄影实践中,虚化背景是突出主体的常用手段。

范例——"人民会堂"照片校正效果

设计结果

旅游归来,首都的美景叫人难忘,快把拍到的照片修整一下,和朋友分享。

本项目效果如右图所示(参见下载资料"第 5 章\第 3 节"文件夹中的"人民会堂.psd")。

设计思路

首先打开素材,复制背景副本。然后利用"自适应广角"滤镜校正图像。

Step 1

首先打开素材图像,复制背景层。

打开下载资料"第 5 章\第 3 节"文件夹中的"SC5‑3‑1jpg",并复制图层,如右图所示。

■ **小贴士**

建立副本是一个好习惯,如文件备份一般哦。

Step 2

使用"自适应广角"滤镜校正图像。

（1）执行"滤镜/自适应广角"命令，寻找曲线两端，使用"约束工具"拉出弧线，这个弧线可以立即自动变直，并同时将图像校正。如左图所示拉出四条线，分别约束了上下左右可以看到图像变形得到校正。

（2）在阶梯处继续使用"自适应广角"滤镜，如左图所示。

（3）可以看到图像变形得到校正，此时再对图像进行裁切调整即可，如左图所示。

（4）将作品保存为"人民会堂.jpg"。

范例项目小结

在本范例项目中，我们主要利用"自适应广角"滤镜，在画面中校正照片。虽然这项功能在 CS5 中就有，但是在 CS6 中其功能被大大提升。

滤镜会基于镜头几何数据库来自动校正广角。由于图片会在某种程度上造成一定的扭曲，所以不是很完美。但是我们可以告诉 Photoshop 在图片中什么是真正的直线，像一些建筑、墙壁、路面或者地平线等。给出的点越多，滤镜校正得就越准确，最终成像也就更自然。

小试身手——"落叶"图像合成效果

路径指南

本例作品参见下载资料"第 5 章\第 3 节"文件夹中的"落叶.psd"文件,需要的图像素材为"第 5 章\第 3 节"文件夹下的"SC5 - 3 - 2.jpg"。

设计结果

制作完成的效果如右图所示。

设计思路

首先建立图层蒙版,并在副本中使用"径向模糊"滤镜实现模糊特效。然后利用图层蒙版及"画笔工具"突显一片红叶。最后调整图像"色相/饱和度"得到自己满意的效果。

操作提示

(1)打开下载资料"第 5 章\第 3 节"文件夹中的"SC5 - 3 - 2.jpg",为其复制一个副本,如右图所示。

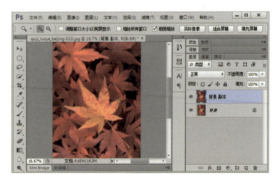

(2)对副本图层执行"滤镜/模糊/径向模糊"命令,参数设置如右图所示。

(3)为背景副本添加蒙版。

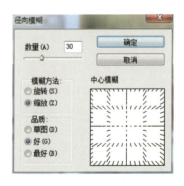

（4）选择"画笔工具"，将前景色设置为黑色，在蒙版中沿模糊中心的红叶涂抹，如左图所示。

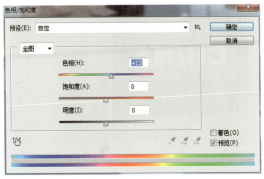

（5）选中"背景副本"层，执行"图像/调整/色相/饱和度"命令，参数设置如左图所示。

（6）输入文字"落叶"，字体为黑体，大小为48点，颜色为黑色。

（7）为文字层添加"斜面和浮雕"图层样式。

（8）将作品保存为"落叶.jpg"。

第四节　扭曲类滤镜与渐变类滤镜的应用

知识点和技能

在本节中我们主要使用的是扭曲类滤镜，扭曲类滤镜包括了包括了切变、挤压、旋转扭曲、极坐标、水波、波浪、波纹、玻璃、球面化等多种滤镜。扭曲滤镜是滤镜中特殊的一类滤镜，它可以制作出多种扭曲变形效果，模拟出各种水波效果、镜头特效等。

扭曲类滤镜的种类比较繁多，在这里我们主要介绍一些常用的扭曲滤镜效果。

范例——"艺术文字"设计制作

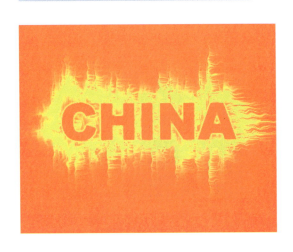

设计结果

制作海报等宣传品时，主题文字一定要醒目，让我们一起来设计有艺术感的文字吧。

本项目效果如左图所示（参见下载资料"第5章\第4节"文件夹中的"艺术文字.psd"）。

设计思路

首先用"风"滤镜对文字进行风格化处理；然后使用"波纹"滤镜以及图层样式等来完成艺术文字魔幻般的设计。

范例解题导引

（1）新建大小为 380×300 像素，分辨率为 72 像素，RGB 模式，背景色为黑色的文件。

（2）输入文字 CHINA，将文本层复制一层并隐藏原图层，如右图所示。

（3）对文字副本层执行"滤镜/风格化/风"命令，参数设置如右图所示。按 Ctrl＋F 重置一次。

■ 小贴士

此时文字图层必须执行栅格化，如忘记执行系统会跳出提示框，询问是否栅格化文字，此时按确定即可。

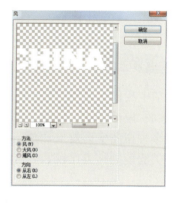

（4）执行"图像/图像旋转/90 度（顺时针）"命令，再按 Ctrl＋F 两次执行"风"滤镜，如右图所示。

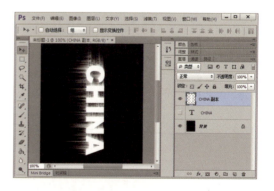

（5）执行"图像/图像旋转/180度"命令，再按 Ctrl + F 两次执行"风"滤镜，如左图所示。

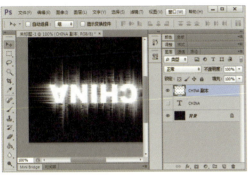

（6）执行"图像/图像旋转/任意角度"命令，进行 270 度的顺时针旋转，再按 Ctrl + F 两次执行"风"滤镜，得到如左图所示的效果。

（7）将图像转回一开始的角度。

Step 2

对文字图层应用"波纹"滤镜并更改其图层样式。

（1）按 Ctrl + J 将执行完"风"滤镜的图层复制一份，对副本执行"滤镜/扭曲/波纹"命令，参数设置如左图所示。

（2）将图层混合模式设置为"排除"，如左图所示。

Step 3

最后制作文字外发光效果并添加图层渐变映射效果。

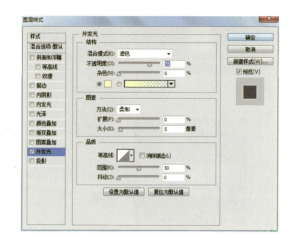

（1）将原先隐藏的文字层显示出来并移至最上层，将文字颜色改为黑色，并为其添加"外发光"样式，如右图所示。

（2）新建"渐变映射"调整层，渐变设定如右图所示。

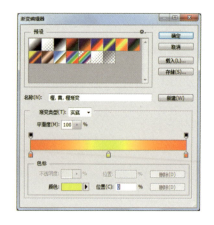

（3）最后选中除背景层以外的所有图层，调整图像大小。将作品存储为"艺术文字.jpg"。

 范例项目小结

　　在本范例项目中，我们主要进行了这样一些工作：利用"风"滤镜和"波纹"滤镜产生文字四周的扩散效果；添加"外发光"样式使文字边缘突出，不至于被背景所融合。此外，我们还用到了"渐变映射"命令，这可以说是渐变滤镜的一种表象手法。怎样把"渐变工具"结合到渐变滤镜中来，这需要我们不断地在实践中体会。

平面设计 Photoshop CS6

小试身手——设计"调皮的海豚"合成特效照片

路径指南

本例作品参见下载资料"第 5 章\第 4 节"文件夹中的"调皮的海豚.psd"文件,需要的图像素材为"第 5 章\第 4 节"文件夹下的"SC5－4－1.jpg"、"SC5－4－2.jpg"。

设计结果

制作完成的效果如左图所示。

设计思路

首先使用"镜头"滤镜调整参数,并利用扭曲类滤镜制作海豚倒影。然后使用"水波"滤镜制作湖水荡漾的质感。最后利用"魔棒工具"抠出海豚的图案,利用通道填充颜色。

操作提示

(1) 打开下载资料"第 5 章\第 4 节"文件夹中的"SC5－4－1.jpg",将这张风景照片作为背景并为其复制一个副本,如左图所示。

(2) 打开下载资料"第 5 章\第 4 节"文件夹中的"SC5－4－2jpg",将这张照片中的海豚利用"魔棒工具"选取并复制至背景图层内。

(3) 按快捷键 Ctrl＋T 为海豚做适当的透视变形,如左图所示。

（4）在背景副本图层上拉出一个椭圆形选框，执行"滤镜/扭曲/水波"命令，参数设置如右图所示。

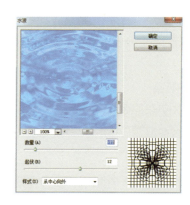

（5）适当调整水波形状，如右图所示。

（6）复制海豚图层并将其调整到适当角度，如右图所示。

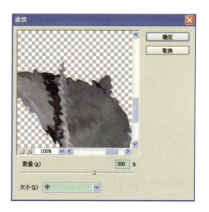

（7）对海豚副本执行"滤镜/扭曲/波纹"命令，参数设置如右图所示。

（8）设置海豚副本的混合模式为"叠加"。

（9）对海豚图层执行"滤镜/模糊/光圈模糊"命令，参数设置如左图所示。

（10）最后输入文字"调皮的海豚"，将作品存储为"调皮的海豚.jpg"。

第五节　纤维滤镜与平均滤镜组的应用

知识点和技能

在本节中我们主要用到的是纤维滤镜与平均滤镜组。纤维滤镜的应用范围较广，是渲染类滤镜的分支，我们之前在讲解渲染类滤镜时也结合使用了其中的纤维滤镜效果。

纤维滤镜使用前景色和背景色生成的随机纹理对图像进行重绘，生成类似树干纤维的图案。其"差异"参数用于控制颜色的变换方式，较小的值会产生较长的颜色条纹，较大的值会产生非常短且颜色分布变化更多的条纹；其"强度"参数用于控制每根纤维的外观，值越大，产生的纤维条纹越短。

范例——"海上日出"风景图像合成

设计结果

海上的日出总是带着一种明亮而柔和的光芒，带给人希望和温暖。

本项目效果如左图所示（参见下载资料"第 5 章\第 5 节"文件夹中的"海上日出.psd"。）

设计思路

首先利用橙黄渐变做底色，为后面的叠加模式做铺垫，结合"纤维"滤镜绘制具有质感的海平面效果图。然后使用"椭圆框选工具"绘制太阳并对太阳添加"外发光"效果。最后利用"液化"滤镜绘制出太阳的投影效果。

平面设计 Photoshop CS6

> **Step 1**
>
> 　　首先使用渐变与"纤维"滤镜绘制海平面。

　　（1）新建一个 800×600 像素的文档，使用"渐变工具"在背景图层中创建一个橙色到黄色的线性渐变，如右图所示。

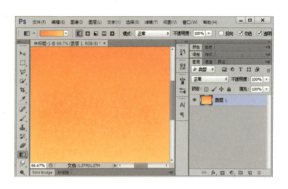

　　（2）新建图层执行"滤镜/渲染/云彩"命令，并改变图层样式为"叠加"模式，如右图所示。

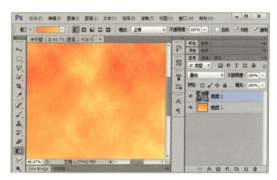

　　（3）执行"图像/图像旋转/90 度（顺时针）"命令，再执行"滤镜/渲染/纤维"命令，参数设置如右图所示。

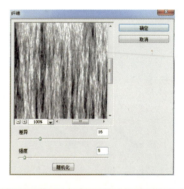

　　（4）将画布逆时针旋转回来，如右图所示。

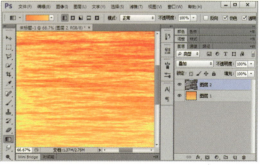

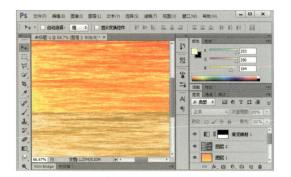

（5）新建图层，添加"渐变映射"，如左图所示。

Step 2

接下来要绘制太阳并添加海鸟。

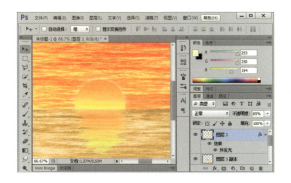

（1）利用"椭圆工具"绘制正圆形，利用线行渐变填充并添加"外发光"的效果。选择云彩的下半部分，按 Delete 键将其删除，并擦除未出升的一半。利用"涂抹工具"制作投影，如左图所示。

（2）打开下载资料"第 5 章\第 5 节"文件夹中的"SC5－5－1jpg"，利用"魔棒工具"反向选择并剪切到原图上。改变每只海鸟的大小与角度。

（3）输入文字"海上日出"，将作品存储为"海上日出.jpg"。

 范例项目小结

　　在本范例项目中，我们使用的一个重要的元素就是"纤维"滤镜，它通过设置前景色和背景色生成的随机纹理对图像进行重绘，生成类似树干纤维的图案。

　　通过这个项目的制作，我们得知大部分滤镜是在原图像的基础上添加效果，而有一类滤镜较为特殊，就是渲染类滤镜。它们的特点就是其自身可以产生图像，典型代表就是"云彩"滤镜，它利用前景和背景色来生成随机云雾效果。由于是随机，所以每次生成的图像都不相同。

小试身手——制作"木纹相框"效果

路径指南

　　本例作品参见下载资料"第5章\第5节"文件夹中的"木纹相框.psd"文件,需要的图像素材为"第5章\第5节"文件夹下的"SC5-5-2.jpg"。

设计结果

　　制作完成的效果如右图所示。

设计思路

　　首先通过"纤维"滤镜来获得木纹的基础纹理。然后利用"色彩范围"提取部分纹理加以立体化,产生木材表面的凹凸感觉,来获得真实的效果。

操作提示

　　(1)设置土黄色为前景色,咖啡色为背景色,执行"滤镜/渲染/纤维"命令,在弹出的"纤维"对话框中设置"差异"为20,"强度"为10,如右图所示。

　　(2)执行"选择/色彩范围"命令,颜色容差设置为50,容差范围内的部分变为选区。保持选区,执行"图层/新建/通过拷贝的图层"命令,拷贝得到新图层,如右图所示。

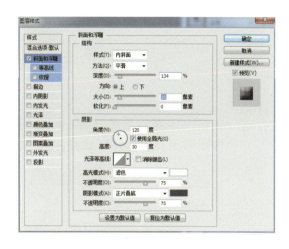

（3）单击"图层"面板下方的"添加图层样式"按钮，为拷贝得到的"图层1"添加"斜面和浮雕"与"阴影"效果，参数设置可以根据自己画面需要稍做调整，如左图所示。

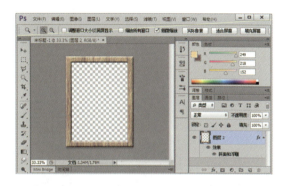

（4）合并两个图层，将木纹中间镂空，添加"斜面和浮雕"效果，如左图所示。

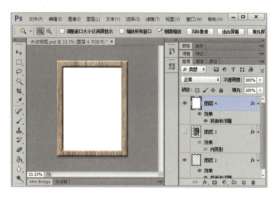

（5）用白色卡纸效果做底并添加"斜面和浮雕"效果，如左图所示。

（6）载入"SC5－5－2.jpg"，添加"内阴影"效果，如左图所示。

（7）将作品存储为"木纹相框.jpg"。

第六节　快速蒙版与模拟景深的应用

知识点和技能

我们用相机拍摄照片时，有时候为了强拍，会完全忽略主体和背景的区分。好在用Photoshop制造景深效果并不难。处理此类照片时，常会使用的工具包括模糊滤镜、图层蒙版、仿制图章、历史记录画笔等。

范例——"东方明珠"图像效果制作

设计结果

上海东方明珠广播电视塔，世界第四的高塔，上海地标之一，是外滩取景拍摄的必选之地。

本项目效果如右图所示（参见下载资料"第 5 章\第 6 节"文件夹中的"东方明珠.psd"）。

设计思路

（1）首先，在"通道"面板中新建Alpha 通道。

（2）然后利用"画笔工具"绘制模糊范围。

（3）最后利用"镜头模糊"功能修改数值范围，完成照片效果。

范例解题导引

> **Step 1**
> 首先新建 Alpha 通道。

（1）打开下载资料"第 5 章\第 6 节"文件夹下的"SC5 - 6 - 1.jpg"，将其作为本例的"背景"图层，如右图所示。

（2）切换至"通道"调板，新建一个Alpha1通道，按Ctrl＋I键将当前通道反向为白色，如左图所示。

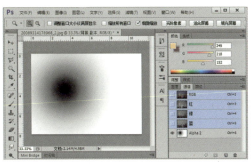

（3）设置前景色为黑色，选择"画笔工具"，设置画笔大小为750像素，"硬度"为0%，在通道左侧单击一下，效果如左图所示。

Step 2

利用"镜头模糊"滤镜调整效果。

（1）切换回"图层"调板，复制"背景"图层，得到"背景副本"。执行"滤镜/模糊/镜头模糊"命令，参数设置如左图所示。

■ 小贴士

Alpha通道中，白色代表选区，黑色代表非选区。对于"镜头模糊"命令而言，黑色的区域是不需要产生镜头模糊的位置，而白色区域则是希望产生镜头模糊的位置。由于希望模糊塔以外的区域，因此在塔所在的区域进行单击，使该位置为黑色。

（2）将作品存储为"东方明珠.jpg"。

范例项目小结

在本范例项目中，我们使用了快速蒙版与模拟景深，一起探索了Photoshop模拟各类专业镜头效果的方法，使照片看起来更专业。

小试身手——制作"花卉"景深效果

路径指南

本例作品参见下载资料"第 5 章\第 6 节"文件夹中的"花卉.psd"文件,需要的图像素材为"第 5 章\第 6 节"文件夹下的"SC5－6－2.jpg"。

设计结果

制作完成的效果如右图所示。

设计思路

首先用选区工具选取特定非模糊前景选区,然后使用"镜头模糊"滤镜完成景深效果。

操作提示

(1) 打开下载资料"第 5 章\第 6 节"文件夹下的"SC5－6－2.jpg",将其作为本例的"背景"图层,如右图所示。

(2) 用选区工具选取特定非模糊前景选区,如右图所示。

（3）保持选区，执行"滤镜/模糊/场景模糊"命令，参数设置如左图所示。

（4）执行"滤镜/镜头校正"命令，参数设置如左图所示。

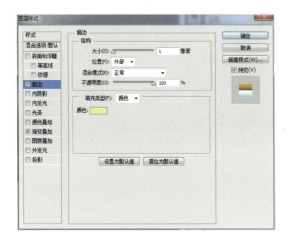

（5）输入文字"花卉"，添加"描边"和"渐变叠加"图层样式，如左图所示。

（6）将作品存储为"花卉. jpg"。

平面设计 Photoshop CS6

第六章　路径的应用

"路径"是图像处理中的重要工具，指用鼠标勾绘出来的由一系列由点构成的线段，主要用于光滑图像区域选择、辅助抠图、绘制光滑线条、定义画笔等工具的轨迹绘制、输出路径及选择区域间的转换。对于一些需要将点阵图像用矢量图形方法操作的情形，我们可以利用路径的技术手段。当我们需要对某个区域进行选取，而该区域的边界又不够精确平滑的情况下，我们也可以使用路径的方法进行处理，然后再转换为选择区域加以使用。

所以，路径具有强大的可编辑性，具有光滑曲率属性，与通道相比，有着更精确、更光滑的特点。学好路径操作，对于我们进行图形、图像处理，可以带来很大的益处。

第一节　钢笔工具和路径

知识点和技能

利用"钢笔工具"可以绘制各种各样的路径，所绘制出的线条是由多个节点组成的。路径的绘制和应用往往需要"钢笔工具"和"路径"面板的配合使用。我们先来认识一下"钢笔工具"中的几个按钮：

钢笔工具 绘制路径，单击鼠标可以创建直线路径；单击后拖曳鼠标可以创建曲线路径；可以绘制闭合和不闭合路径。

自由钢笔工具 绘制路径，根据鼠标拖曳后划过的轨迹作为路径。

添加锚点工具 增加路径的节点。

删除锚点工具 删除路径的节点。

转换点工具 转换锚点属性，即将直线锚点与曲线锚点互换。

接下来我们来认识一下"路径"面板中常用的一些按钮：

新建路径；删除当前选择的路径。

以前景色填充路径；以前景色描边路径。

从选区生成路径。

范例——绘制"夜色中的小木屋"效果图

设计结果

夜晚来临，让我们来点缀一下美丽的夜空，为夜空挂上点点繁星和圆圆的月亮。

本项目效果如右图所示（参见下载资料"第6章\第1节"文件夹中的"夜色中的小木屋.psd"）。

设计思路

（1）首先用"钢笔工具"绘制星星、月亮和云彩，并利用基本编辑命令进行路径的复制和变换。

（2）然后为图层添加图层样式，并利用"画笔工具"的设置，绘制夜空中远处的小星星。

（3）最后利用"钢笔工具"勾选素材中的卡通小木屋结合并将其移动到我们所绘制的图像中来。

范例解题导引

> **Step 1**
>
> 我们首先要进行的工作是制作月亮、星星和云彩的路径。

（1）新建大小为 500×400 像素，分辨率为 72 像素，RGB 模式，背景色为黑色的文档。

（2）新建"图层 1"，选择"画笔工具"，设置笔触大小为 70，前景色为绿色，背景色为淡绿色，绘制青草的形状，如左图所示。

（3）新建"图层 2"，使用"椭圆选框工具"绘制一个正圆，并设置其羽化值为 15，执行"滤镜/渲染/云彩"命令，如左图所示。

（4）新建"图层 3"，选择"钢笔工具" ，在图像中单击，绘制云彩。

（5）选择工具箱中的"直接选择工具" ，单击路径中的锚点，选中后利用方向键或鼠标拖动进行调整，如左图所示。

（6）双击"路径"面板中的工作路径，在弹出的"存储路径"对话框中进行确认。将刚才的工作路径变换为选区，然后填充选区。

平面设计 Photoshop CS6

（7）执行"滤镜/模糊/高斯模糊"命令，半径参数为3，效果如右图所示。

Step 2

用"钢笔工具"绘制闪烁的星星。

（1）用"钢笔工具"绘制四角星星并填充，如右图所示。

（2）执行"模糊/高斯模糊"命令，设置"半径"为3。添加"外发光"图层样式，设置其"杂色"大小为50，如右图所示。

（3）复制多个小星星，调整其大小与角度。

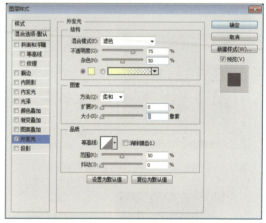

Step 3

利用"钢笔工具"选取卡通小木屋并移动到图像中来。

（1）打开下载资料"第6章\第1节"文件夹中的"SC6－1－1jpg"。利用"钢笔工具"把木屋描绘出来并在"路径"面板里将其转换为选区，如左图所示。

（2）把木屋拖动到我们之前所绘制的图像中来，调整其大小，并根据画面需要复制一个木屋，如左图所示。

（3）调整图层，将作品保存为"夜色中的小木屋.jpg"。

范例项目小结

在本范例项目中，我们主要进行了这样一些工作：使用"钢笔工具"绘制路径，并利用"直接选择工具"实现对路径的编辑。

在使用"钢笔工具"绘制一些路径时，要注意直线锚点和曲线锚点之间的切换，同时配合相应的辅助工具。只有通过多加练习，才能对该工具灵活运用。

小试身手——绘制"智慧之灯"标志

路径指南

本例作品参见下载资料"第6章\第1节"文件夹中的"智慧之灯.psd"文件。

设计结果

制作完成的效果如左图所示。

设计思路

先利用"自定形状工具"绘制灯泡。然后利用"钢笔工具"绘制手图形。最后输入广告文字。

操作提示

（1）新建 400×360 大小的文档，背景色为白色。使用"自定形状工具"绘制适当比例的蓝色灯泡图案，如右图所示。

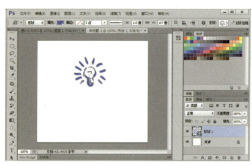

（2）新建图层，利用"钢笔工具"绘制手形状，选取节点时可以按住 Alt 键，做适当调整，如右图所示。

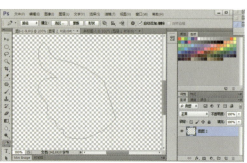

（3）调整手的形状并填充蓝色，如右图所示。

（4）新建图层，使用画笔与钢笔工具勾勒出手内部的结构并填充白色。调整图层次序后合并图层，如右图所示。

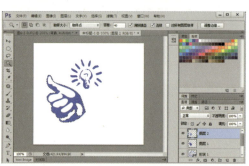

（5）复制手图层并将副本对称翻转，如右图所示。

（6）输入文字"智慧之灯"，将作品保存为"智慧之灯.jpg"。

第二节　选区和路径

　　我们已经初步学会了"钢笔工具"的基本绘制方法,以及利用"描边"和"填充"按钮对路径进行具体的应用。但有些比较特殊的路径,如果使用"钢笔工具"直接绘制,那么难度将会很大。我们可以利用"路径"面板中选区与路径转换的按钮,来实现一些特殊路径的绘制。

范例——制作"虚拟时代"封面效果

设计结果

　　线条是最基本的造型手段。如果说造型是一种艺术语言,那么线条便是这语言中最基本的语素。

　　本项目效果如左图所示(参见下载资料"第 6 章\第 1 节"文件夹中的"虚拟时代.psd")。

设计思路

　　先用"钢笔工具"和"画笔工具"绘制基本线条。最后把曲线复制并模糊变形,设置效果。

范例解题导引

> **Step1**
> 先用"钢笔工具"和"画笔工具"绘制基本线条。

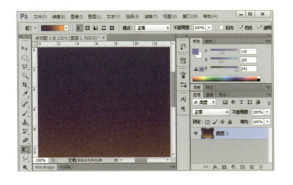

　　(1)新建大小为 600×480 像素,分辨率为 72 像素,RGB 模式,背景色为白色的文档。

　　(2)对背景设置渐变色,如左图所示。

（3）使用"钢笔工具"绘制自己喜欢的线条样式，如右图所示。

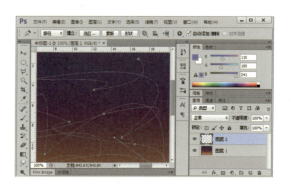

（4）创建新图层，打开"路径"面板，设置画笔大小为 1 像素，再选择"用画笔描边路径"，如右图所示。

（5）设置图层混合模式改为叠加，如右图所示。

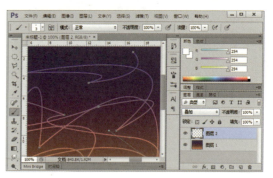

Step 2
接下来我们要复制曲线，并添加各种效果。

（1）执行"滤镜/模糊/高斯模糊"命令，数值为 3。添加"外发光"的混合模式，如右图所示。

（2）输入文字"虚拟时代"，对文字添加"投影"效果，并调整字间距。

（3）将作品存储为"虚拟时代.jpg"。

 范例项目小结

在本范例项目中,我们主要进行了这样一些工作:使用线性渐变绘制背景;使用"钢笔工具"绘制线条路径后,勾出流畅的曲线;最后把曲线模糊变形。

小试身手——制作"红丝巾"图像效果

路径指南

本例作品参见下载资料"第 6 章\第 2 节"文件夹中的"红丝巾.psd"文件。

设计结果

制作完成的效果如左图所示。

设计思路

首先使用"钢笔工具"绘制曲线并对其进行路径描边;然后把路径定义为画笔并设置画笔参数;最后添加滤镜。

操作提示

(1)新建 600×480 的文档,背景色为灰色。新建图层,使用"钢笔工具"绘制一条路径,如左图所示。

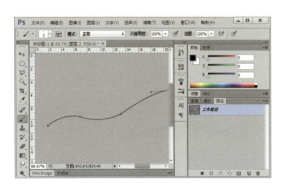

(2)选择"画笔工具",将画笔大小调整为 3 像素,颜色为黑色,描边路径,如左图所示。

(3)回到"图层"面板,隐藏"背景"图层。

（4）执行"编辑/定义画笔预设"命令，在弹出的窗口中将画笔命名为"样本画笔1"，如右图所示。

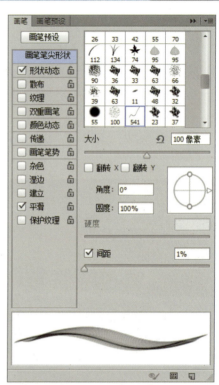

（5）调出"画笔"面板。选中"画笔笔尖形状"，设置"大小"为 100 像素，"间距"为 1%，如右图所示。

（6）选中"形状动态"，参数设置如右图所示。

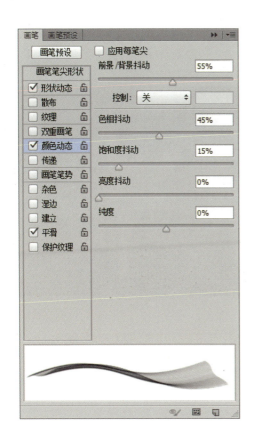

（7）选中"颜色动态"，参数设置如左图所示。

（8）新建"图层 2"，绘制一条新的路径。展开"路径"面版，设置前景色为红色，利用已经预设好的画笔描边路径。

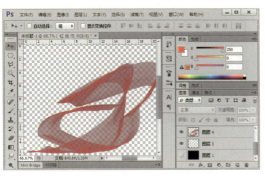

（9）执行"滤镜/杂色/蒙尘与划痕"命令，效果如左图所示。

（10）输入文字"红丝巾"，将背景改为黑色，将作品保存为"红丝巾.jpg"。

第三节　画笔工具和路径

知识点和技能

　　我们已经学会了路径的基本绘制及与选区相互转换的方法。在前面两节中，我们已经配合使用画笔工具，对路径进行描边。本小节我们来利用画笔调板中的一些特性来描边路径，制作一些特殊效果。

范例——制作"快乐天使"效果图

设计结果

    是谁在夜空中飞舞，划出一道道闪亮的痕迹？原来是一个快乐的小天使。

    本项目效果如右图所示（参见下载资料"第 6 章\第 3 节"文件夹中的"快乐天使.psd"）。

设计思路

    （1）首先绘制渐变光晕。

    （2）然后制作天使飞舞的痕迹。

    （3）最后添加效果。

Step 1

    首先绘制紫色到紫黑色的径向渐变。

    （1）新建大小为 600×480 像素，分辨率为 72 像素，RGB 模式，背景色为黑色的文件。

    （2）使用"渐变工具"，在左下角拉出一个紫色到紫黑色的径向渐变，如右图所示。

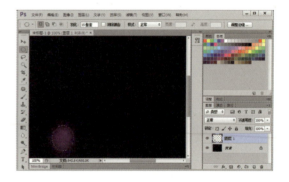

Step 2

    接下来要制作天使飞舞的痕迹。

    （1）新建一个图层，前景色设置为白色，选择扁方形笔刷，勾画几根线条，如右图所示。

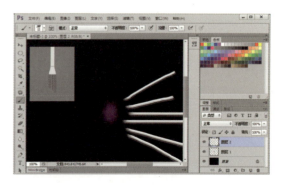

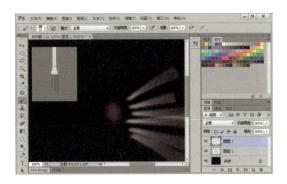

（2）执行"滤镜/模糊/径向模糊"命令，然后调整大小比例，如左图所示。

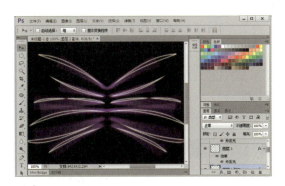

（3）新建一个图层，前景色设置为白色，用"钢笔工具"描绘出曲线。用画笔描边路径。然后设置"外发光"效果，如左图所示。

（4）复制图层，水平翻转副本图层，如左图所示。

Step 3

结合素材文件构成完美效果。

（1）打开下载资料"第 6 章\第 3 节"文件夹下的"SC6－3－1.jpg"，将其移动到原先的文件中，并缩放到适当大小，如左图所示。

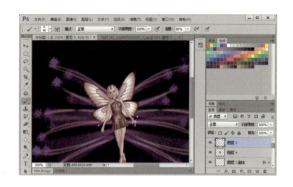

（2）在主线的尾部用画笔喷溅效果进行点缀，如右图所示。

（3）最后，为图象添加文字"快乐天使"，并添加内发光效果。将作品存储为"快乐天使.jpg"。

 范例项目小结

在本范例项目中，我们主要进行了这样一些工作：使用"径向渐变"绘制立体球，配合"画笔"调板对路径进行描边。

本范例项目中仅仅利用了调板中的个别功能，通过"画笔"调板中的其他功能，可以做出更多、更漂亮的效果。

小试身手——制作"PHOTO SHOP"图像效果

路径指南

本例作品参见下载资料"第6章\第3节"文件夹中的"PHOTO SHOP.psd"文件，需要的图像素材为"第6章\第3节"文件夹下的"SC6-3-2.jpg"。

设计结果

制作完成的效果如右图所示。

设计思路

先利用文字工具输入文字，填充为黑色，并将文字定义为画笔。然后，设置画笔的相关参数，将文字沿路径描边。利用锁定功能填充描边文字的颜色。使用渐变工具填充黑色文字。最后，利用"斜面和浮雕"效果制作文字动感效果。

操作提示

（1）新建 600×400 大小的文档，背景为黑色，并使用文字工具输入文字"PHOTO SHOP"，字体为 Arial Black，大小为 72 点，如右图所示。

（2）选取文字，执行"编辑/定义画笔预设"命令，将文字定义为画笔，如左图所示。

（3）使用"钢笔工具"绘制 S 形路径，如左图所示。

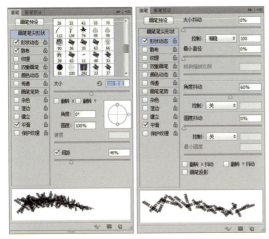

（4）选择"画笔工具"后，打开"画笔"调板，设置相关参数，将定义好文字形状作为当前笔头，并设置大小和渐隐效果。在新图层中描边路径，如左边两张图所示。

（5）锁定当前图层的透明像素，使用"渐变工具"填充文字，并更改显示背景层颜色为深蓝色，如左图所示。

（6）打开下载资料"第 6 章\第 3 节"文件夹中的"SC6 - 3 - 2.jpg"，将其移至原先的图像中。

（7）对文字添加斜面浮雕效果，将作品存储为"PHOTO SHOP.jpg"。

第四节　擦除工具和路径

知识点和技能

在前面几节中我们已经能够熟练使用"钢笔工具"配合"画笔工具"的特性，绘制一些特殊的效果。除了利用"画笔工具"的特性外，我们还可以利用擦除工具制作出一些特殊效果。

在本项目中我们使用擦除工具来描边，制作出齿轮效果。选择不同的擦除笔头，能擦除出不同的效果。

范例——制作"宝宝相框"图像效果

设计结果

小宝宝的照片总是那么惹人喜欢，让我们为漂亮宝贝制作个可爱的相框吧。

本项目效果如右图所示（参见下载资料"第 6 章\第 4 节"文件夹中的"宝宝相框.psd"）。

设计思路

首先是制作深蓝色背景，并将素材图片放入，并调整到适当大小。然后制作相框的白色边框。将外框选区转换为路径，设置擦除工具的画笔形状，沿路径描边擦除。最后试着添加多种图层样式，以达到最佳效果。

范例解题导引

> **Step 1**
> 我们首先要进行的工作是制作背景，放入素材图片并做适当调整。

（1）新建大小为 640×480 像素，分辨率为 72 像素、RGB 模式，背景色为深蓝色的文档。

（2）打开下载资料"第 6 章\第 4 节"文件夹中的"SC6－4－1.jpg"，如右图所示。

（3）将图片粘贴至新建文件中。按 Ctrl＋T 键，将图片缩放至适当大小，如右图所示。

Step 2

接下去,我们来做相架的白色边框,这可是相架制作中最关键的一步哦!

（1）将前景色设置为白色,选择"油漆桶工具",填充素材图片所在层的外侧相框部分,如左图所示。

（2）按 Ctrl 键同时单击当前图层,全选当前图层,将选区转换为路径。

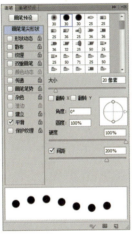

（3）选择"橡皮擦工具",打开工具栏中的"画笔"调板,将笔头设置为 20,间距为 200%,如左图所示。

（4）按 Alt 键同时单击描边按钮,在弹出的描边路径对话框中选择"橡皮擦工具",描边后效果如左图所示。

（5）最后调整图层样式,具体参数设置可根据大家自己喜欢的效果来完成制作,将作品存储为"宝宝相框.jpg"。

范例项目小结

　　在本范例项目中,我们主要进行了这样一些工作:制作蓝色背景,并填充相架白色边框;将外框选区转换为路径,沿路径擦除出圆孔的效果;添加图层样式,做最后的修饰。

　　本范例项目中最关键的步骤是利用路径擦除边框的工作。如果配合画笔的其他笔头形状,可以擦出更多的效果。

平面设计 Photoshop CS6

小试身手——制作"电影胶片"效果

路径指南

本例作品参见下载资料"第6章\第3节"文件夹下的"电影胶片.psd"文件。

设计结果

制作完成的效果如右图所示。

设计思路

先利用"钢笔工具"制作胶片形状;然后使用"橡皮擦工具"沿路径擦除,制作打孔效果;最后添加文字。

（1）新建640×480大小的文档,使用"钢笔工具"绘制胶片形状,如右图所示。

■ 小贴士

绘制上述路径时,注意路径锚点的位置,可以利用网格来对齐位置。

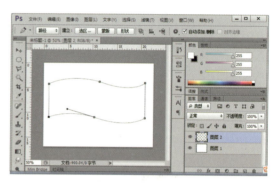

（2）新建图层,将路径转换为选区,选区填充为黑色,如右图所示。

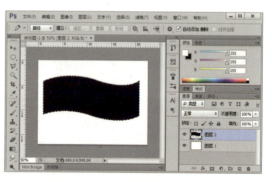

（3）使用"钢笔工具"绘制打孔的路径,弧度要与前面绘制的路径相同,并移动到相应的位置,如右图所示。

（4）定义一个矩形画笔,选择"橡皮擦工具",打开工具栏上的"画笔"调板,设置笔头形状为硬边方形6像素,"间距"为200。

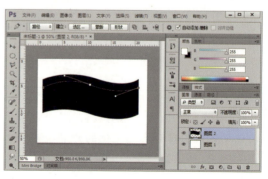

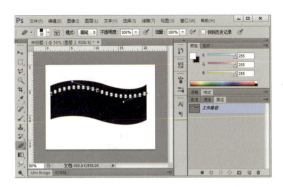

（5）沿路径用橡皮擦描边，在填充的胶片边缘处打洞，效果如左图所示。

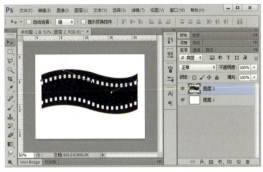

（6）将路径往下移动，在胶片另一侧的边缘处打孔，效果如左图所示。

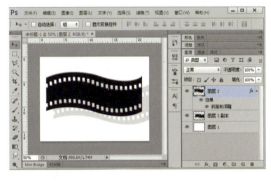

（7）添加"斜面和浮雕"效果。复制此图层，移动位置后设置"不透明度"为10％，如左图所示。

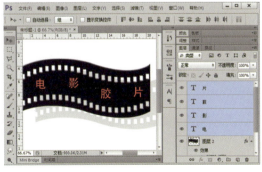

（8）新建文字层，使用"钢笔工具"画出一条符合胶片弧度的路径，并沿路径输入文字"电影胶片"。设置字体为楷体，大小适中。最后对文字添加渐变效果，如左图所示。

（9）将作品保存为"电影胶片.jpg"。

第五节　涂抹工具和路径

知识点和技能

除了利用擦除工具外，用"涂抹工具"配合路径描边也可作出一些特殊效果。

在本项目中我们使用"涂抹工具"来描边，制作出颜料挤出效果。

范例——制作"挤出的颜料"图像效果

设计结果

颜料挤压出来的效果是不是很有趣啊？我们这个项目就来学习用"涂抹工具"和路径来制作牙膏状涂抹路径。

本项目效果如右图所示（参见下载资料"第 6 章\第 5 节"文件夹中的"挤出的颜料.psd"）。

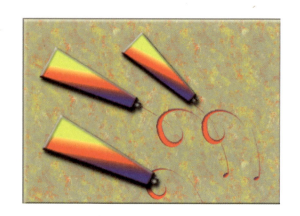

设计思路

首先画出一支牙膏状的颜料；接着制作挤出颜料的形状路径，并复制路径；最后制作涂抹的起始点的渐变效果，沿路径涂抹，制作挤出的颜料效果。

范例解题导引

> **Step 1**
> 我们首先要进行的工作是画出一支牙膏形状的颜料。

（1）新建大小为 400×280 像素，RGB 模式，分辨率为 72 像素的文档。

（2）选择"钢笔工具"，绘制颜料管的路径，并转换为选区，填充线性渐变。为了突出其立体逼真的效果，我们可以为这支颜料管添加图层样式，如右图所示。

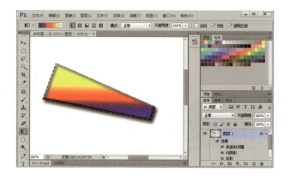

> **Step 2**
> 为挤出的颜料制作路径并且为后面的涂抹制作起始点。

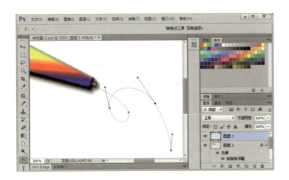

（1）使用"钢笔工具"绘制曲线状的路径，如左图所示。

（2）利用"椭圆选区工具"在路径起始点绘制一个正圆。

（3）利用"渐变工具"在绘制的椭圆内填充上角度渐变的 7 彩颜色，如左图所示。

Step 3

一切准备就绪，我们来描边完成最后的效果吧！

（1）取消选区，选择"涂抹工具"，打开"画笔"调板，设置与前面步骤中相同的画笔笔头，并将工具栏中的"强度"设置为 100%。

（2）选取当前路径，用"涂抹工具"描边，如左图所示。

（3）打开"样式"面板选择纹理，选择黄色和橙色样式，如左图所示。

（4）我们可以多复制几个颜料，对副本作适当调整，如右图所示。将作品存储为"挤出的颜料.jpg"。

 范例项目小结

在本范例项目中，我们主要进行了这样一些工作：用"钢笔工具"绘制一支颜料管曲线形状的路径，制作出渐变的起始点；然后沿着该起始点进行涂抹，就能制作出涂抹效果的曲线。

本范例项目中最关键的步骤是渐变的填充与涂抹工具的配合。

小试身手——"羽毛"效果制作

路径指南

本例作品参见下载资料"第6章\第5节"文件夹中的"羽毛.psd"文件。

设计结果

制作完成的效果如右图所示。

飘逸的羽毛

设计思路

首先使用"钢笔工具"勾出羽毛轮廓，再用"涂抹工具"绘出质感；最后添加羽毛中间的根管。

操作提示

（1）新建一个 480×680 像素的文档，背景为白色。新建一个图层，用"钢笔工具"勾出羽毛轮廓，羽化3个像素，如右图所示。

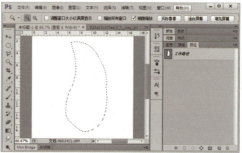

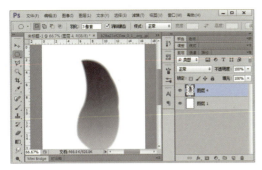

（2）为选区填充线性渐变，如左图所示。

（3）使用"涂抹工具"，选择14号喷溅笔刷，"强度"设置为50％，在羽毛的边缘涂抹，如左图所示。

（4）涂好后再用1像素的"涂抹工具"刻画一些细的羽毛。部分开叉的羽毛可以用钢笔勾出路径后删除。

（5）新建一个图层，用"钢笔工具"勾出羽毛根管的路径，转为选区后填充线性渐变色，如左图所示。

（6）新建一个图层，把前景颜色分别设置为：♯6A4332与白色，然后在羽毛上涂出一些辅助色，如左图所示。

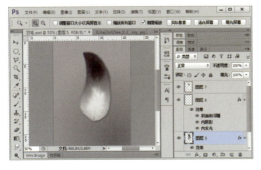

（7）将背景色修改为棕色线性渐变，添加羽毛和根管的图层样式，如左图所示。

（8）添加文字，将作品存储为"羽毛.jpg"。

扩展篇

第七章 通道的应用

通道在 Photoshop 中是一个比较难以掌握的概念，我们在前面的章节曾经初步接触过它。

通道是基于色彩模式这一基础上衍生出的简化操作工具。一幅 RGB 三原色图有三个默认通道：红、绿、蓝。而一幅 CMYK 图像有四个默认通道：青、品红、黄和黑。由此看出，每一个通道其实就是一幅图像中的某一种基本颜色的单独通道。也就是说，通道是利用图像的色彩值进行图像的修改的，某种意义上来说，通道实际上可以理解为是选择区域的映射。

一个通道层同一个图像层之间最根本的区别在于：图层的各个像素点的属性是以红绿蓝三原色的数值来表示的，而通道层中的像素颜色是由一组原色的亮度值组成的。由此可见，通道中只有一种颜色的不同亮度，是一种灰度图像。

第一节 通道的认识

知识点和技能

通道的功能：

（1）选择区域。利用通道，可以建立精确选区。

（2）表示墨水强度。不同的通道都可以用 256 级灰度来表示不同的亮度。

（3）表示不透明度。这是最常用的一个功能。

（4）表示颜色信息。

通道的分类：

通道作为图像的组成部分，是与图像的格式密不可分的，图像颜色、格式的不同决定了通道的数量和模式。在 Photoshop 中涉及的通道主要有：

（1）复合通道。

复合通道不包含任何信息，实际上它只是同时预览并编辑所有颜色通道的一个快捷方式。它通常被用于单独编辑完一个或多个颜色通道后使通道面板返回到它的默认状态。对于不同模式的图像，其通道的数量是不一样的。在 Photoshop 之中，通道涉及三个模式。对于一个 RGB 图像，有 RGB、R、G、B 四个通道；对于一个 CMYK 图像，有 CMYK、C、M、Y、K 五个通道；对于一个 Lab 模式的图像，有 Lab、L、a、b 四个通道。

（2）颜色通道。

在 Photoshop 中编辑图像时，实际上就是在编辑颜色通道。这些通道把图像分解成一个或多个色彩成分，图像的模式决定了颜色通道的数量，RGB 模式有 3 个颜色通道，CMYK 图像有 4 个颜色通道，灰度图只有一个颜色通道，它们包含了所有将被打印或显示的颜色。

（3）专色通道。

专色通道是一种特殊的颜色通道，它可以使用除了青色、洋红（品红）、黄色、黑色以外的颜色来绘制图像。专色通道一般与打印相关。

（4）Alpha 通道。

Alpha 通道是计算机图形学中的术语，指的是特别的通道。在 Photoshop 中制作出的各种特殊效果都离不开 Alpha 通道，它最基本的用处在于保存选取范围，并不会影响图像的显示和印刷效果。当图像输出到视频，Alpha 通道也可以用来决定显示区域。

（5）单色通道。

这种通道的产生比较特别，如果在通道面板中删除其中一个通道，所有的通道都会变成黑白的，原有的彩色通道即使不删除也会变成灰度的。

范例——"红霞万丈染群山"效果制作

设计结果

金乌西沉，万丈红霞将群山映染，好一幅壮丽的景色。本项目效果如左图所示（参见下载资料"第 7 章\第 1 节"文件夹下的"红霞万丈染群山.psd"文件）。

设计思路

本项目的素材图像是一个偏暗的风景图像，我们主要的任务是利用它来了解和熟悉通道，并尝试利用通道操作对图像进行处理，使它产生某种特殊效果。

整个的设计思路是利用通道交换、通道混色器、曲线调整、色阶调整，使整体图像呈现出一种特殊的光线效果。

范例解题导引

Step 1

我们首先观察图像的各个通道。利用通道分离操作将一张彩色图片分解为三个灰度级模式图片。然后通过合并通道时对蓝绿通道进行交换，合成一张新图像。

（1）打开下载资料"第 7 章\第 1 节"文件夹下的"SC7-1-1.jpg"文件，如左图所示。

（2）打开"通道"面板，可以观察到"红"、"绿"、"蓝"三个通道和组合 RGB，如右图所示。

（3）单击面板右上角的三角按钮，在弹出的菜单中选择"分离通道"命令。

（4）此时图像被分解成三张灰度级模式的图片，分别为"SC7－1－1.jpg_红"、"SC7－1－1.jpg_绿"和"SC7－1－1.jpg_蓝"，如右图所示。

（5）单击"通道"面板的选项按钮，在弹出的下拉菜单中选取"合并通道"命令，弹出右图所示对话框，模式选择：RGB 颜色。

（6）在右图所示的对话框中可以分别指定"红色"、"绿色"和"蓝色"通道分别使用哪个灰度文件。我们调换绿通道和蓝通道的位置并单击"确定"按钮。

（7）合并完成后，产生了一个新的图像文件，如右图所示。

Step 2

在这一环节,我们要利用"通道混合器"调整各个通道的输出比例。

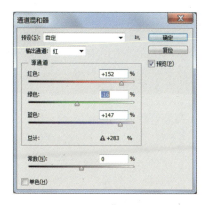

（1）执行"图像/调整/通道混合器"命令,在左图所示"通道混合器"对话框中,选择输出通道为红。

（2）拖曳源通道的滑块,勾选"预览"选项,调整各个通道的输出比例。

（3）调整结果如左图所示,可以根据实际情况和爱好改变各通道输出比例并观察效果。

Step 3

对"红"通道进行曲线调整,呈现出漫天红霞的效果。再利用"替换颜色"操作,使得山峦呈现满目葱绿的景色。

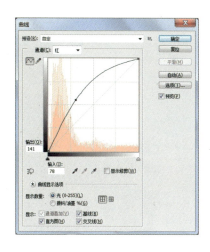

（1）在"通道"面板中选中红通道,对红通道执行"图像/调整/曲线"命令,弹出"曲线"对话框。

（2）在"曲线"对话框中用鼠标将曲线从中间位置向上拖曳,形成一条弧形,单击"确定"按钮,如左图所示。

平面设计 Photoshop CS6

（3）选取 RGB 通道，得到的结果如右图所示。

（4）执行"图像/调整/替换颜色"命令，在右图所示对话框中单击"添加到取样"吸管，单击图像中的山脉部分。

（5）拖曳"色相"、"明度"和"饱和度"三个滑块，根据自己的喜好，调整图像的色彩效果。

（6）回到"图层"面板，输入文字"红霞万丈染群山"，字体为黑体，颜色为♯abe082，大小为 30 点。并添加"投影"的图层样式。

（7）保存作品为"红霞万丈染群山.jpg"。

小试身手——"秋之韵"特效图像制作

路径指南

本例作品参见下载资料"第 7 章\第 1 节"文件夹下的"秋之韵.psd"文件，图像素材为"第 7 章\第 1 节"文件夹下的"SC7－1－2.jpg"、"SC7－1－3.jpg"文件。

设计结果

制作完成的效果如右图所示。

设计思路

首先利用图像反转操作，产生一个副本；然后利用通道操作，将副本作为选区存入到某个通道；再通过删除另一个通道，使图像产生一种特殊的效果；最后，通过滤镜操作使图像产生边缘。

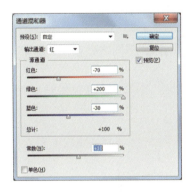

（1）打开下载资料"第7章\第1节"文件夹下的"SC7－1－2.jpg"文件，如左图所示。

（2）复制背景层，产生背景副本，如左图所示。

（3）执行"图像/调整/通道混合器"命令，打开"通道混合器"面板。

（4）在"通道混合器"中对通道进行编辑：将"输出通道"选择为红，将红通道调整为－70％；绿通道调整为200％；蓝通道调整为－30％；常数＋10％，如左图所示。

（5）将图层混合模式设置为亮光。

（6）再次打开"通道混合器"面板，这次选择"输出通道"为绿，调整各通道的参数：红通道调整为＋4％；绿通道调整为＋44％；蓝通道调整为＋38％；常数＋2％。

（7）执行"图像/调整/替换颜色"命令，在"替换颜色"对话框中，选择"添加到选曲"吸管，点击图像中湖面部分，调整色相、饱和度、明度，如左图所示。

(8) 拼合图像，双击背景图层，使其成为"图层 0"，打开下载资料"第 7 章\第 1 节"文件夹中的"SC7－1－3. jpg"文件。执行"图像/调整/亮度/对比度命令"调整亮度。

(9) 将"SC7－1－3. jpg"拖曳到"图层 0"下方，选择"魔棒工具"，点击"图层 0"上的白色天空部分，按 Delete 键删除，如右图所示。

(10) 输入 24 点、黑体的文字"秋之韵"，并设置"蓝、红、黄"的渐变叠加图层样式。

(11) 将作品保存为"秋之韵. jpg"。

第二节　在通道中进行计算和应用图像

知识点和技能

使用"应用图像"命令可在同一个图像中进行通道的计算，调整图像的色彩，也可以为源图像选择不同的通道和混合模式，制作出特殊的图像效果。

"计算"命令可将不同图像的通道混合在一起，与"应用图像"不同之处在于，使用"计算"命令混合出来的图像以黑、白、灰显示。

在本节范例项目中，我们通过在通道中使用"应用图像"命令，学习制作特殊图像混合效果。

范例——制作"姹紫嫣红"图像效果

设计结果

本项目效果如右图所示（参见下载资料"第 7 章\第 2 节"文件夹中的"姹紫嫣红. psd"）。

设计思路

使用"应用图像"命令可将两幅相同大小的图像进行混合，制作出意想不到的效果，也可以在通道中调整图像的色彩。本例我们尝试用两个图像素材进行操作。

平面设计 Photoshop CS6

范例解题导引

Step 1

我们首先要进行的工作是打开 2 个素材图片并进行图像应用操作。

（1）打开下载资料"第 7 章\第 2 节"文件夹中的"SC7－2－1.jpg"和"SC7－2－2.jpg"，执行"窗口/排列/使所有内容在窗口中浮动"命令，如左图所示。

（2）使"SC7－2－1.jpg"图像成为当前图像，执行"图像/应用图像"命令，在"应用图像"对话框中，下拉"源"按钮，选择"SC7－2－2.jpg"，"通道"选择 RGB，"混合"选择滤色，"不透明度"设置为 80％，单击"确定"按钮，如左图所示。

（3）应用图像后的效果如左图所示。

■ 小贴士

在进行图像应用时必须注意，被操作的图像大小必须一致。

Step 2

下面我们通过选择不同的通道及不同的混合选项，来观察和比较不同的图像应用效果。

（1）如果在"应用图像"对话框中，下拉"源"按钮，选择"SC7－2－2.jpg"，"通道"选择红，"混合"选择颜色减淡，则效果如右图所示。

（2）观察图像，可以发现整个花瓣被染上了一层金黄色，分外妖娆。

（3）而当我们"源"选择"SC7－2－2.jpg"，"通道"选择绿，"混合"选择强光，则效果如右图所示，红花中被渲染了一些白色。

（4）经过比较，决定采用第二个图像应用方案。

Step 3

下面我们尝试对同一个图像的不同通道进行图像应用。

（1）再次执行"图像/应用图像"命令，"通道"选择蓝，勾选"反相"，把"混合"模式设置为实色混合；勾选"蒙版"选项，通道选择灰色，如右图所示。

（2）应用图像后的效果如左图所示。此时,原先红花图像花瓣中的金黄色显得更加突出耀眼。

Step 4

　　下面我们尝试对图像中的某个通道应用滤镜效果。

　　（1）打开"通道"面板,选择"蓝"通道,执行"滤镜/滤镜库/艺术效果/塑料包装"命令。可以发现在红、黄色的鲜花花瓣中,又增添了一抹紫色,效果如左图所示。

　　（2）输入文字"姹紫嫣红"（隶书、18点）,并设置"色谱"的渐变叠加样式和"投影"的图层样式。

　　（3）将作品存储为"姹紫嫣红.jpg"。

范例项目小结

　　在本范例项目中,我们主要进行了这样一些工作:打开2个素材图像,选择合适的"源"和"目标"进行"通道应用",通过对不同混合模式、不同通道的选用,形成达到我们预期图像特效的编辑效果。

　　在进行两幅图像之间的图像应用后,我们又对于同一幅图像进行图像应用,不同的通道编辑及通道蒙版的使用使我们获得了更为炫目的图像特效。

　　利用在通道上添加滤镜特效,使得图像效果更为丰富多彩。

　　最后利用文字工具以及对文字图层的图层样式操作,完成了我们的范例作品。

小试身手——"山雨欲来"图像效果制作

路径指南

本例作品参见下载资料"第 7 章\第 2 节"文件夹中的"山雨欲来.psd"文件,需要的素材图像为"第 7 章\第 2 节"文件夹中的"SC7－2－3.jpg"和"SC7－2－4.jpg"。

设计结果

制作完成的效果如右图所示。

设计思路

将两个图像在"计算"面板中通过设置不同的通道和混合,新建为一个新的通道;通过"应用图像"操作将两个图像的通道组合在一起,达到图像的特殊效果。

操作提示

(1)打开下载资料"第 7 章\第 2 节"文件夹中的"SC7－2－3.jpg"和"SC7－2－4.jpg",如右图所示。

(2)执行"图像/计算"命令,在右图所示"计算"对话框中作如下设置:源 1 选择"SC7－2－3.jpg",通道为绿;源 2 选择"SC7－2－4.jpg",通道为蓝,"混合"模式选择正片叠底。

■ 小贴士

在进行图像计算时同样须注意:被操作的图像大小必须一致。

（3）单击"确定"按钮，结果如左图所示，此时我们可以观察到在图像"SC7－2－4.jpg"中多了一个 Alpha1 通道。

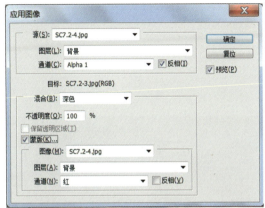

（4）将"SC7－2－3.jpg"设置为当前图像，执行"图像/应用图像"命令，源选择"SC7－2－4.jpg"，通道选择 Alpha1，"混合"选择深色，勾选"反向"。勾选"蒙版"选项，选择蒙版图像为"SC7－2－4.jpg"，通道为红，如左图所示。

（5）当单击"确定"按钮后，可以观察到原先晴朗的天空中密布了乌云，如左图所示。

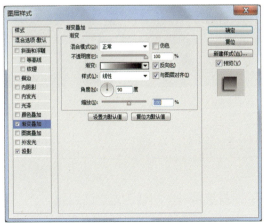

（6）输入华文新魏、72 点、白色的文字"山雨欲来"。执行"图层/图层样式/简便叠加"命令，勾选"反向"，勾选"投影"，如左图所示。

（7）将作品存储为"山雨欲来.jpg"。

第三节　通道的选取和复制

对于图层的选取、复制、删除等编辑操作，通过前面章节的学习，我们已经很熟悉了。那么，对于通道，这些操作又该如何进行呢？

我们已经知道，在 Photoshop 中，一个图像的颜色通常是采用几个特殊灰度图层来记录它的内容。如果图像含有多个图层，则每个图层都有自身的几个灰度图层。

因此通道其实是另一种图层，是图像的另一种表达方式，只是编辑方法和普通图层不同。

在本节范例项目中，通过对复杂人像的抠取处理过程，我们来进一步熟悉对通道进行编辑的方法。

范例——制作"在水一方"图像合成效果

设计结果

绿草萋萋，白雾迷离，有位佳人，在水一方。美丽的湖光山色和美丽的女孩构成一幅美好的画面。

本项目效果如右图所示（参见下载资料"第 7 章\第 3 节"文件夹中的"在水一方.psd"）。

设计思路

本项目的素材图像如右图所示，比较复杂，采用常规的钢笔、套索或魔棒工具来抠取会比较烦琐和困难。故考虑采用通道技术抠图。

（1）获得图像的某个通道信息。

（2）对所需通道信息进行复制。

（3）利用色阶和曲线对通道进行调整，从而获得人像选区。

（4）将获得的通道载入选区使之成为新图层。

（5）利用复制图层技术合成两个图像。

范例解题导引

> **Step 1**
> 我们首先要进行的工作是打开素材图片，并选取一个合适的通道信息。

（1）打开下载资料"第 7 章\第 3 节"文件夹中的"SC7－3－1.jpg"。观察这张图像，我们需要将图中模特人像部分提取出来，此图的背景颜色复杂且模特头发散乱，其他抠图方法在此处并不适用，故可以考虑使用通道技术。

（2）打开通道面板，可以看到一共有 4 个通道，分别是 RGB、红、绿、蓝，除了 RGB 以外，每一个通道都是以灰度来显示。

（3）分别观察红、绿、蓝三个通道，可以发现其中绿通道最为清晰，适合操作，如左图所示。

（4）右击绿通道，在快捷菜单中选择"复制通道"命令。

（5）在"复制通道"对话框中输入"女孩"并单击"确定"按钮，如左图所示。

（6）选中"女孩"通道，使其成为我们的操作对象。

Step 2

下面我们要利用"色阶"和"画笔工具"进一步进行操作。

（1）执行"图像/调整/色阶"命令，设置参数为（156、1.99、185），使得图像中黑白对比更加强烈，如左图所示。

■ **小贴士**

调整好的图像不一定要与左图完全一致，大致接近就可以了。我们可以在后续的工作中继续处理。

（2）将背景色改为黑色，使用"橡皮擦工具"，在图像人物面部、肩膀、脖颈处涂抹，呈现黑色状态，如左图所示。

（3）按 Ctrl＋I 键将"女孩"通道反相。用黑色画笔将灰色部分涂黑，如右图所示。

（4）再次按 Ctrl＋I 键将"女孩"通道反相。

（5）按 Ctrl 键单击"女孩"通道缩略图；按快捷键 Alt＋Delete 为选区填充前景黑色，然后按 Ctrl＋D 键取消选区，如右图所示。

（6）在"通道"面板中单击 RGB 通道前面的"指示通道可视性"按钮，显示其他通道中的效果。

（7）在"通道"面板中单击"将通道作为选区载入"按钮，并隐藏"女孩"通道，如右图所示。

（8）切换到"图层"面板，将背景层解锁，并执行"选择/反向"命令，按 Delete 键删除选区内容。此时，图像被抠出，如右图所示。

Step 3
接下来我们要让女孩身处美丽的山水之间。

（1）打开下载素材"第 7 章\第 3 节"文件夹中的"SC7－3－2.jpg"，如左图所示。

（2）执行"窗口/排列/使所有内容在窗口中浮动"命令，适当移动新图像窗口的位置和大小，可以看到在 Photoshop 中存在着两个图像窗口，如左图所示。

（3）使用"移动工具"，将少女图像拖曳（复制）到山水图像中。

（4）此时在山水图像中新增了"图层1"。适当调整"图层 1"的大小，如左图所示。

（5）关闭少女图像窗口，当出现如左下图所示的对话框时，单击"否"，这样可以保持原素材不被改变。

（6）为"图层 1"添加蒙版，使用"渐变工具"在蒙版上适当位置作一白色到黑色的线性渐变。

（7）添加文字"在水一方"，字体为隶书、48 点。

（8）将作品存储为"在水一方.jpg"。

在本范例项目中,我们主要进行了这样一些工作:利用图像通道的特点使得图像分离;利用"色阶"调整使通道的某些部分被强调而另一些部分被削弱;利用"画笔工具"对这一强化和削弱工作进行弥补;而利用"反相"的技术手段可以使我们发现在处理过程中存在的遗漏。

我们也学会了使某个选定的通道成为快速蒙版状态的方法。

在范例的操作过程中,我们应该可以体会到这样一个道理:通道就是一个选区,通过对通道进行加载选区操作,当我们回到图层,就可以对通道中选定的相应选区进行编辑修改。

正如我们在范例项目完成的过程中所做的那样,我们也体会到了利用通道技术在抠出复杂图像方面相对于其他常规手段所存在的优势。

另外,对于两个图像之间的合成,在本例中我们使用了复制粘贴图层的方法,这应该是一种比较常规的合成手段。

小试身手——"水之精灵"效果制作

路径指南

本例作品参见下载资料"第 7 章\第 3 节"文件夹中的"水之精灵.psd"文件,需要的图像素材为"第 7 章\第 3 节"文件夹下的"SC7－3－3.jpg"和"SC7－3－4.jpg"。

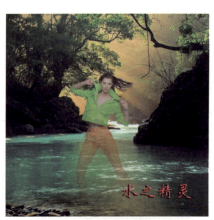

设计结果

制作完成的效果如右图所示。

设计思路

利用图像的某个通道,进行"色阶"和"曲线"的调整,将图中的人物抠出,并与另一风景图片合成。利用文字层的图层样式设立浮雕效果的文字。

操作提示

(1)首先打开下载资料"第 7 章\第 3 节"文件夹中的"SC7－3－3.jpg"人物素材文件,如右图所示。

(2)打开"通道"面板,根据观察,可以选用"蓝"通道。

（3）为蓝通道建立一个通道副本，将该蓝副本通道作为操作处理对象，如左图所示。

（4）按 Ctrl + I 键，使通道反相。

（5）使用"魔棒工具"，将所有黑色区域选中，将前景色设置为黑色。用"油漆桶工具"将选区全部涂黑，如左图所示。

（6）执行"选择/取消选择"命令，取消选区。

（7）按 Ctrl + I 键，再次使通道反相，如左图所示。

（8）按住 Ctrl 键，单击"蓝副本"通道，使载入选区。

（9）打开 RGB 通道，返回"图层"面板。双击"背景"图层，使"背景"图层解锁，成为"图层 0"。按 Ctrl + V 键，产生"图层 1"，如左图所示。

（10）关闭背景层的可视性。

（11）打开下载素材"第 7 章\第 3 节"
文件夹中的"SC7-3-4.jpg"素材文件，如
右图所示。

（12）使用"移动工具"，将模特图像中
的"图层 1"拖曳（复制）到景色图像中。适
当调整各图层位置，如右图所示。

（13）输入文字"水之精灵"，字体为华
文新魏，红色，大小可根据喜好自行调整。

（14）添加"斜面和浮雕"、"投影"
效果。

（15）将作品存储为"水之精灵.jpg"。

第四节　Alpha 通道的应用

知识点和技能

Alpha 通道是计算机图形学中的术语，指的是特别的通道。有时，它特指透明信息，但通
常的意思是"非彩色"通道。可以说在 Photoshop 中制作出的各种特殊效果都离不开 Alpha 通
道，它最基本的用处在于保存选取范围，但不会影响图像的显示和印刷效果。

在本节范例项目中，我们通过制作风光图片的过程，来熟悉 Alpha 通道的使用技巧。

范例——"层林尽染"风景图像效果

设计结果
初秋的季节，枫叶慢慢地红了，渐渐地染遍了群山。

本项目效果如左图所示（参见下载资料"第 7 章\第 4 节"文件夹下的"层林尽染.psd"文件）。

设计思路

首先添加 Alpha 通道，并对该 Alpha 通道进行曲线调整。然后在这基础上制作 2 个 Alpha 通道副本，进行"色阶"调整。最后将 2 个副本通道的信息替换到新建的图层中，使整个图像呈现出"万山红遍、层林尽染"的特殊效果。

范例解题导引

Step 1

我们首先要进行的工作是打开素材图片，解锁背景图层，观察相应的通道信息并新建一个 Alpha 通道。

（1）打开下载资料"第 7 章\第 4 节"文件夹下的"SC7-4-1.jpg"素材文件，如左图所示。

（2）在"图层"面板中双击背景层，将背景图层设置为"图层 0"。

（3）打开"通道"面板，新建 Alpha 通道，在"新建通道"对话框中选择色彩指示为"所选区域"，如左图所示。

（4）此时，可观察到"通道"面板中新增了一个 Alpha1 通道。勾选所有通道的可见性。

Step 2

下面要将"图层 0"中的图像作为选区粘贴到 Alpha1 通道中。并调整 Alpha1 通道的"曲线"参数。

（1）回到"图层"面板，按住 Ctrl 键，单击"图层 0"的缩略图，将图像作为选区载入。执行"编辑/合并拷贝"命令。

（2）切换到"通道"面板，选中 Alpha1 通道，按 Ctrl + V 键将"图层 0"中的图像作为选区粘贴到 Alpha1 通道中，如右图所示。

（3）按 Ctrl + D 取消选区，在"通道"面板中选择 Alpha1 通道，执行"图像/调整/曲线"命令，对 Alpha1 通道曲线进行调整，如右图所示。

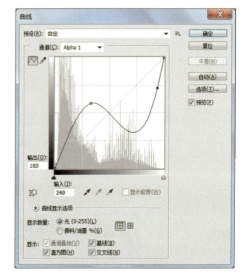

Step 3

建立 Alpha1 副本通道，并且对所建立的 Alpha1 副本通道调整"色阶"参数。

（1）在"通道"面板中选择 Alpha1 通道并右击，执行"复制通道"命令，建立 Alpha1 副本通道。

（2）取消其他通道的可见性，打开 Alpha1 副本通道的可见性，选中 Alpha1 副本通道。

（3）执行"图像/调整/色阶"命令，选用"在图像中取样以设置白场"吸管单击通道中图像的灰色部分，如右图所示。

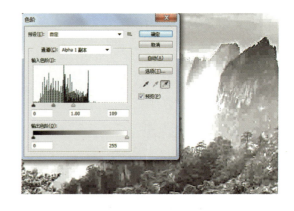

（4）建立 Alpha1 副本 2 通道,并用上述同样方法调整该通道的色阶,如左图所示。

Step 4

下面,我们将新建 2 个图层,然后将调整色阶后的 Alpha 副本通道信息分别填充到相应图层。最后输入文字信息。

（1）切换到"图层"面板,创建一个置于最上方的"图层 1",将前景色设置为黄色。

（2）在"通道"面板中按住 Ctrl 键并单击 Alpha1 副本通道缩略图,再返回"图层"面板,选中"图层 1",并执行"编辑/填充"命令,当出现左图所示对话框时,选择"前景色"。将 Alpha1 副本通道信息填充到"图层 1"。填充后的效果如左下图所示。

（3）按 Ctrl + D 键取消选区,将前景色设置为红色,新建"图层 2"并置于最上方。用上述同样方法将 Alpha1 副本 2 通道信息填充到"图层 2"。

（4）按 Ctrl + D 键取消选区,合并所有可见图层。

（5）输入文字"层林尽染"。字体为黑体,大小为 30 点,颜色为红色。其中"层"为 60 点、行楷字体。

（6）选中文字层,执行"图层/图层样式/斜面和浮雕"命令,在"图层样式"对话框中同时勾选"投影"选项,参数都选默认。

（7）将作品保存为"层林尽染.jpg"。

范例项目小结

　　在本范例项目中,我们主要做了以下工作:建立和调整 Alpha1 通道以及两个 Alpha1 副本通道,进行"色阶"和"曲线"的调整,并分别在"图层"面板中建立两个新图层,然后将两个 Alpha1 副本通道中的信息分别填充到上述两个新图层中。

　　另外,在对通道进行"曲线"和"色阶"调整时,不同的参数设置对物体的透明效果也会有所不同,这需要我们不断摸索和体验,熟能生巧。

小试身手——"蓝天白云映群山"图像效果制作

路径指南

　　本例作品参见下载资料"第 7 章\第 4 节"文件夹中的"蓝天白云映群山.psd"文件,需要的图像素材为"第 7 章\第 4 节"文件夹中的"SC7-4-2.jpg"。

设计结果

　　制作完成的效果如右图所示。

设计思路

　　仿照前例,添加 Alpha 通道,并对该 Alpha 通道进行"曲线"调整。在这基础上制作 2 个 Alpha 通道副本,进行"色阶"调整,将 2 个副本通道的信息替换到新建的图层中。然后采用适当的图层混合模式,并调整整个图像的对比度和亮度。为了使部分区域的颜色更为自然。最后还要对部分区域的图像使用"替换颜色"的操作。

操作提示

　　(1)打开下载资料"第 7 章\第 4 节"文件夹下的"SC7-4-2.jpg"素材文件,如右图所示。

　　(2)在"图层"面板中双击背景层,将背景图层设置为"图层 0"。

　　(3)打开"通道"面板,新建 Alpha 通道,在"通道选项"对话框中选择色彩指示为"所选区域"。

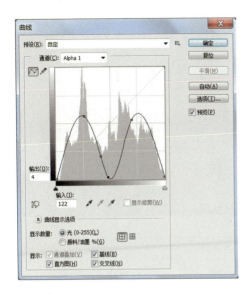

（4）勾选所有通道的可见性。

（5）回到"图层"面板，按住 Ctrl 键，双击"图层 0"的缩略图，将图像作为选区载入。

（6）执行"编辑/合并拷贝"命令。

（7）切换到"通道"面板，选中 Alpha1 通道，按 Ctrl + V 键将"图层 0"中的图像作为选区粘贴到 Alpha1 通道中。

（8）按 Ctrl + D 键取消选区，在"通道"面板中选择 Alpha1 通道，执行"图像/调整/曲线"命令，将 Alpha1 通道曲线进行调整为 S 状，如左图所示。

（9）在"通道"面板中选择 Alpha1 通道并右击，执行"复制通道"命令，建立 Alpha1 副本通道。

（10）取消其他通道的可见性，打开 Alpha1 副本通道的可见性，选中 Alpha1 副本通道。

（11）执行"图像/调整/色阶"命令，仿照前例的方法调整该 Alpha1 副本通道的"色阶"，如左图所示。

（12）右击 Alpha1 副本通道，在快捷菜单中选择"复制通道"命令，建立 Alpha1 副本 2 通道，并用上述同样方法调整该通道的色阶。

（13）打开 RGB 通道的可见性，关闭 Alpha1 及其副本通道可见性，切换到"图层"面板，创建一个置于最上方的"图层 1"，将前景色设置为蓝色。

（14）在"通道"面板中按住 Ctrl 键并单击 Alpha1 副本通道缩略图，再返回"图层"面板，选中"图层 1"，并执行"编辑/填充"命令，在"填充"对话框中的"内容"栏中选择"前景色"。将 Alpha1 副本通道信息填充到"图层 1"。

（15）按 Ctrl + D 键取消选区，再创建一个置于于最上方的"图层 2"，将前景色设置为白色。

（16）在"通道"面板中按住 Ctrl 键并单击 Alpha1 副本 2 通道缩略图，再返回"图层"面板,选中"图层 2",并执行"编辑/填充"命令,在"填充"对话框中的"内容"栏中选择"前景色"。将 Alpha1 副本 2 通道信息填充到图层 2。

（17）取消选区,此时三个图层如右图所示。

（18）在图层面板中选择"图层 2",将图层混合模式设置为"正片叠底"。

（19）执行"图层/合并可见图层"命令,将三个图层合并为"图层 2"。执行"图像/调整/亮度/对比度"命令。在相应对话框中调整亮度及对比度,如右图所示。

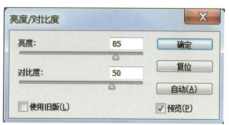

（20）执行"图像/调整/替换颜色"命令,在"替换颜色"对话框中,选择"添加到取样"吸管,并单击图中相应的山脉部分,如右图所示。

（21）拖曳色相、饱和度和明度三个滑块,使山脉的颜色更为自然。

（22）将作品保存为"蓝天白云映群山.jpg"。

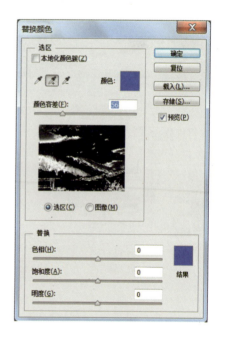

第八章 动画和三维图像

在 Adobe Photoshop CS6 中,可以通过修改图像图层来产生运动和变化,从而创建基于帧的动画。也可以使用一个或多个预设像素长宽比创建视频中使用的图像。完成编辑后,可以将所做的工作存储为动画 GIF 文件或 PSD 文件,这些文件可以在很多视频程序(如:Adobe Premiere Pro 或 Adobe After Effects)中进行编辑。

在 Phoshop CS6 中,有两种动画制作技术,一种是所谓的逐帧动画,你可以设定动画中的每个画面。另一种就是时间轴动画,即所谓的"过渡动画"。它只需要你指定动画始末两端的画面,而中间的动画画面则由计算机计算而成。

此外,Photoshop CS6 还强化了处理 3D 图像的功能。Adobe Photoshop CS6 Extended 支持更多种 3D 文件格式。可以处理和合并现有的 3D 对象、创建新的 3D 对象、编辑和创建 3D 纹理,及组合 3D 对象与 2D 图像。

我们可以设置 3D 的场景、光源、材质。可以很方便地将普通的二维图像包裹在 3D 对象上,也可以导入用其他三维图像制作软件做成的 3D 素材。

而且,利用 Photoshop CS6 的 3D 功能和动画制作功能,我们还可以创建效果更佳的 3D 动画。

第一节 二维动画制作

知识点和技能

许多擅长用 Photoshop 的人,在需要制作动画 Logo 或动画广告条时,会很自然地想到用动画专用软件。先将动画的各组成页用图像编辑软件做好,再到动画软件里组合。这种方法虽然很可靠,但比较麻烦。尤其当作品完成后,又想改动,而原动画组成页已被删除,可就麻烦了。本节内容我们介绍二维动画制作。

只要会用 Photoshop,就能制作那些在网上常用而又简单的动画。

动画的制作主要是在动画面板上完成的。将动画的各静态部分分别放到不同的层上,在每一层上,无内容的区域就让它空着,不用管它。每个动画静态帧可以都在一层上,也可在几层上,只要你弄得清哪些层同时显示,就能组成哪一个动画静态帧。

当做完组成动画的所有静态图层后(并不需要图层和动画静态帧成为一对一的关系,组成某一静态帧的,可以是几个图层,只要你弄得清即可。并且,某一图层允许被不同的静态帧公用),就可以从容地将具体内容分别放入各静态帧中。所谓放入,其实只是当你选中某一个动画帧时,使反映这一帧的那一层或几层为可见,而让其他层不可见。然后,到下一帧,再使反映这一帧的那一层或几层为可见,而让其他层不可见。

范例——制作"大眼飞行员"动画图像

设计结果

在许多网络论坛中,网友们除了使用文字来阐述各自的观点、意见之外,不少网友还喜欢使用各种有趣的"表情"来表达自己在发表意见时的情绪。本例让我们来尝试制作一个大眼飞行员的表情动画。

本项目效果如右图所示(参见下载资料"第 8 章\第 1 节"文件夹中的"大眼飞行员.gif")。

设计思路

本项目的关键在于"时间轴"面板的使用。通过操作,我们可以了解逐帧动画的原理。

范例解题导引

Step 1

首先我们导入制作动画的素材。

(1) 执行"文件/脚本/将文件载入堆栈"命令,在"载入图层"对话框中单击"浏览"按钮,选中下载资料"第 8 章\第 1 节"文件夹中的"SC8－1－1.jpg"～"SC8－1－4.jpg",单击"确定"按钮,如右图所示。

(2) 当载入图层后,被选中的 4 个素材图像形成了 4 个图层,此时,执行"窗口/时间轴"命令,打开"时间轴"面板,如右图所示。

(3) 关闭除"SC8－1－1.jpg"之外其他图层的可见性。

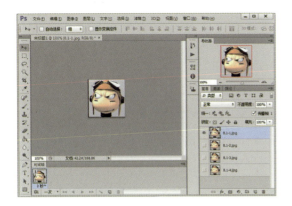

■ 小贴士

　　打开"时间轴"面板后,可以通过下拉列表,选择"创建视频时间轴"或者"创建帧动画",在本例中,我们选择"创建帧动画",如左图所示。

Step 2

　　接下来的任务是设置动画效果。

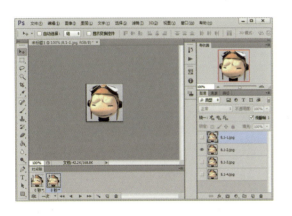

　　（1）先选中第一帧,然后单击"时间轴"编辑面板下方的"复制所选帧"按钮,然后选中第 2 帧。在"图层"面板中关闭除"SC8－1－2.jpg"之外其他图层的可见性,如左图所示。

　　（2）连续单击 2 次"复制当前帧"按钮,连同前面的 2 个,共产生 4 个动画帧。

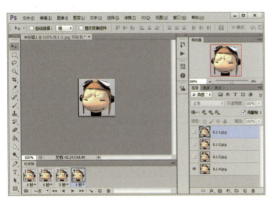

　　（3）依次选中第 3 帧～第 4 帧,分别对应打开"图层 3"和"图层 4"的可见性,使得第 3 帧和第 4 帧分别显示"图层 3"和"图层 4"的图像,如左图所示。

Step 3

　　最后我们需要调整动画的播放速度,并导出动画文件。

平面设计 Photoshop CS6

（1）在"时间轴"面板第 1 帧下方"选择帧延迟时间"单击，选择延时为 0.2 秒。其他各帧延迟时间也同为 0.2 秒，如右图所示。

（2）单击"时间轴"窗口下方的"播放"按钮，可预览动画逐帧被播放的效果，如右图所示。

（3）执行"文件/存储为"命令，在文件名栏内输入"大眼飞行员. psd"，注意文件格式为 PSD。

■ 小贴士

PSD 格式的文件并不能直接应用到网页中，如果要直接应用，则应该将其输出。

（4）执行"文件/存储为 Web 所用格式"命令，在弹出的对话框中选择"Gif"格式，循环选项设置为"永远"，如右图所示。

（5）单击"存储"按钮，，将作品存储为"大眼飞行员. gif"。

（6）在输出时可能会出现如右图所示的信息提示窗口，表示文件名可能带来的问题。

 范例项目小结

在本范例项目中，我们主要熟悉了用"时间轴"面板制作逐步动画的一般方法，了解了帧的概念，了解了动画形成的基本原理，即利用人的眼睛对移动画面的视觉滞留现象，形成了看似运动的动画图形。

小试身手——"远去的风景"动画制作

路径指南

本例作品参见下载资料"第 8 章\第 1 节"文件夹下的"远去的风景.psd",需要的图像素材为"第 8 章\第 1 节"文件夹下的"SC8－1－5.jpg"。

设计结果

制作完成的效果如右图所示。

设计思路

利用时间轴动画制作技术,在时间轴上产生不同文字图层图像透明度的"关键帧",使得画面在几个关键帧之间变化,形成动画效果。

操作提示

(1)打开下载资料"第 8 章\第 1 节"文件夹中的"SC8－1－5.jpg",如右图所示。

(2)输入文字"远去的风景",字体为华文琥珀、白色、72 点,如右图所示。

(3)执行"窗口/时间轴"命令,打开"时间轴"面板,单击"创建帧动画"下拉按钮,选择"创建视频时间轴",如右图所示。

（4）单击时间轴面板上"远去的风景"前面的三角按钮。在弹出的选项中选择"不透明度"，如左图所示。

（5）在"时间轴"面板中，用鼠标将"设置工作区域的结尾"滑块拖曳到 02:00f 位置，单击"不透明度"左侧的黄色滑块，使得在 02:00f 处也增加了一个游标，在"图层"面板将文字图层的不透明度设置为 60%，如左图所示。

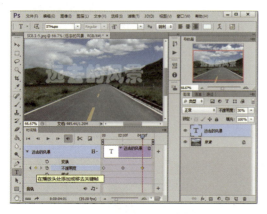

（6）将"设置工作区域的结尾"滑块拖曳到 04:00f 位置，单击"不透明度"左侧的黄色滑块，使得在 04:00f 处也增加了一个游标，在"图层"面板将文字图层的不透明度设置为 30%，如左图所示。

（7）将游标移到开始位置，单击"时间轴"面板上的"播放"按钮，可以观察到文字逐渐变淡的效果。

（8）执行"文件/存储为 Web 所用格式"命令，在优化面板中将"动画循环选项"设置为"永远"。如左图所示。

（9）预览后单击"存储"按钮，将作品保存为"远去的风景.gif"。

第二节　将2D图像转换为3D图像

知识点和技能

Photoshop一直被认为是平面设计的大师。从Photoshop CS4开始新增了三维图像的设计功能,而在Photoshop CS6中更是加强了三维图像的设计功能。利用Photoshop,我们可以生成基本的三维形状,包括常用的易拉罐、酒瓶、帽子以及其他一些基本形状。用户不但可以使用平面材质进行贴图,还可以直接使用画笔和图章等工具在三维对象上绘画,并与时间轴配合完成三维动画。

在Photoshop CS6中,2D和3D的结合更为完美,操作更为方便。在3D操作界面中,你可以通过众多的参数来控制、添加、修改场景、灯光、网格、材质,以及观察图像的视角。

尤其值得注意的是,Photoshop CS6的3D操作面板可由多个方向进入,极大地方便了用户进行3D设计。

范例——"易拉罐广告"设计制作

设计结果

利用3D工具及自己事先准备好的二维图像素材,生成特定的三维图形。

项目效果如左图所示(参见下载资料"第8章\第2节"文件夹中的"易拉罐广告.psd")。

设计思路

首先打开事先准备好的图像素材,然后执行"3D(D)/从图层新建网格"命令,指定其生成"汽水"形状。通过对3D对象的旋转、光源调整、光照强度的设置等操作,使得本广告的主体—易拉罐制作完成。其次,将另一幅照片作为广告的背景图像衬在易拉罐画面的下方。最后,通过添加斜面和浮雕及投影样式的文字,使广告主题突出。

范例解题导引

> **Step 1**
>
> 首先打开素材图像并通过执行3D命令将其包裹在我们指定生成的三维形状图像上。

（1）打开下载资料"第 8 章\第 2 节"文件夹中的"SC8 - 2 - 1. jpg"，如右图所示。

（2）执行"3D（D）/从图层新建网格/网格预设/汽水"命令，如右图所示。

■ 小贴士

Photoshop CS6 对用户计算机系统的显卡要求能够支持 OpenGL 和 SM3.0 的独立显卡。如果你的计算机显卡不能满足此项要求，当你执行 3D 命令时，则有可能出现"只能用软件对 3D 对象进行渲染"的提示信息。

此时，单击该信息窗口中的"确定"按钮，系统将以软件渲染的方法为你处理三维图像。

（3）当执行 3D 命令后，会自动生成易拉罐形状，并将图像素材包裹在该形状之上，如右图所示。

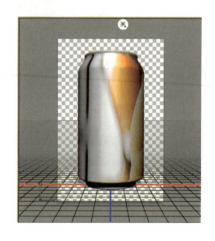

Step 2

　　三维形状图像已经生成了，所用的素材也已经包裹其上了，可是我们却发现该易拉罐面对我们的画面并不是我们所期望的。下面，我们尝试将易拉罐进行适当角度的自由旋转，看看哪个角度更为漂亮。然后为易拉罐的盖子替换材质。

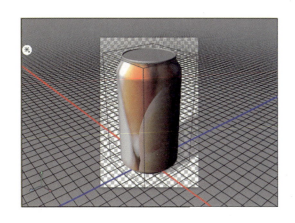

（1）在工具栏"3D模式"中选择"环绕3D工具"，用鼠标向右适当拖曳（滚动）易拉罐图像，如左图所示。

■ 小贴士

在拖曳鼠标的过程中，易拉罐可能会向不同方向旋转，只要适当拖曳，觉得合适就可以了。

（2）执行"窗口/3D"命令，打开 3D 面板。选择"盖子材质"，如左图所示。

（3）双击"盖子材质"左侧的小图标，此时出现材质属性。在材质下拉列表中选择"巴沙木"，如左图所示。

■ 小贴士

在 3D 面板的材质列表中，我们不但可以选择预设的选项，还可以加载其他图像。

Step 3

接下来我们对图像进行进一步的编辑，目的是适当旋转易拉罐的角度并且给它配上一幅背景图案。

（1）单击"滚动 3D 对象"按钮,拖曳鼠标,适当调整易拉罐的角度和位置,结果如右图所示。

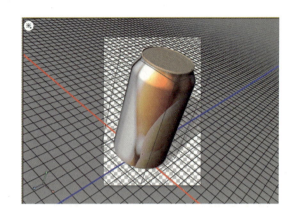

（2）打开下载资料"第 8 章\第 2 节"文件夹中的"SC8－2－2.jpg",如右图所示。

（3）执行"窗口/排列/双联水平"命令。

（4）用"移动工具"将易拉罐图像拖曳到"SC8－2－2.jpg"中,如右图所示。

■ 小贴士

在以往的 Photoshop 版本中,背景图层是最底层的图层。如果需要在背景图层下放置其他图层,就必须先把背景图层改为普通图层(例如"图层 0")。但是在从 Photoshop CS4 开始的版本中,就取消了这一限制,使得图层位置的调整更为方便。

Step 4

易拉罐广告画面已经基本设计完成了,最后我们要给它添加一些宣传文字。

（1）关闭"SC8－2－1.jpg"图像窗口，在工具箱中选择"横排文字工具"，在文字属性栏中设置字体为华文琥珀，大小为72点，文字颜色为白色，形状为下弧。

（2）输入文字"樱桃牌可乐，你的夏季首选"。并适当调整文字在图像中的位置，如左图所示。

（3）确定文字的输入后，在"图层"面板中选中文字层，执行"图层/图层样式/斜面和浮雕"命令，并勾选"投影"选项，如左图所示。

（4）执行"文件/存储为"命令，将作品存储为"易拉罐广告.jpg"。

范例项目小结

在本范例项目中，我们体会到了 Photoshop CS6 的 3D 功能带给我们在编辑图像过程中的方便和乐趣。我们也确实地感受到了将平面图像转换为特定的三维图形几乎就是一种"自动化"的操作，且效率极高。归纳一下，我们共进行了以下这样一些操作：打开事先准备好的图像素材，通过 3D 命令将其转换为特定的三维形状图像；通过 3D 转换、移动、缩放功能，对三维形状图像进行任意角度的旋转、滚动、移位、缩放，且方便地改变三维图像的视角；通过 3D 面板，对三维图像的材质进行调整。

小试身手——"快乐的小花帽"3D 图像设计

路径指南

本例作品参见下载资料"第 8 章\第 2 节"文件夹中的"快乐的小花帽.psd"文件，需要的图像素材为"第 8 章\第 2 节"文件夹下的"SC8－2－3.jpg"。

设计结果

制作完成的效果如右图所示。

设计思路

本设计的解题方案可以模仿范例
项目。

操作提示

（1）打开下载资料"第8章\第2节"
文件夹中的"SC8－2－3.jpg"，如右图
所示。

（2）执行"窗口/3D"命令，打开3D
面板。

（3）在3D面板中的"构建3D对象"
栏内勾选"从预设创建网格"，在其下拉列
表中，选择"帽子"，如右图所示。

（4）当进行上述参数设置后，单机"构
建3D对象"栏下方的"创建"按钮，此时，
图像呈现出小花帽的样子，如右图所示。

（5）单击工具属性栏中的"缩放3D
对象"，拖曳鼠标，适当放大花帽图形。

（6）单击工具属性栏中的"滚动3D
对象"，拖曳鼠标，适当滚动花帽图形。

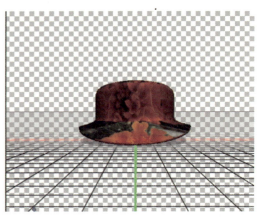

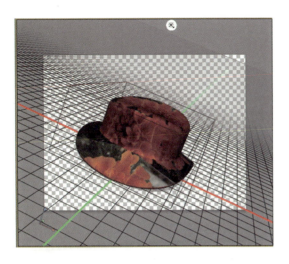

（7）单击工具属性栏中的"旋转 3D 对象"，拖曳鼠标，适当旋转花帽图形，结果如左图所示。

（8）选择 3D 面板中"无限光 1"，如左图所示。

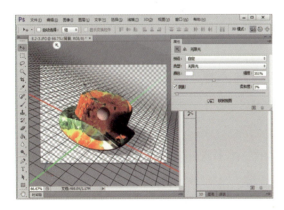

（9）双击"无限光 1"左侧的小太阳图标，在"无限光"属性栏内，将"强度"设置为 350％，"阴影柔和度"设置为 5％，如左图所示。

（10）此时，小花帽的色彩显得更加明亮和鲜艳。

（11）打开"图层"面板，在 3D 图层的下方添加一个新图层"图层 1"，如左图所示。

平面设计 Photoshop CS6

（12）选择工具箱中的"渐变工具"，将前景色设置为绿色，背景色设置为白色，选择"径向渐变"按钮，在背景层上拖曳出右图所示的效果。

（13）在工具箱中选择"横排文字工具"，在文字属性栏中设置字体为华文琥珀楷，大小为 12 点，文字颜色为白色，形状为波浪形。

（14）输入文字"快乐的小花帽"，并适当调整文字在图像中的位置，如右图所示。

（15）选中文字层，执行"图层/图层样式/渐变叠加"命令，设置"蓝-红-黄"的渐变叠加效果。

（16）将作品存储为"快乐的小花帽.jpg"。

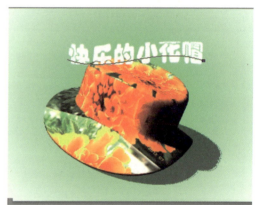

第三节　三维对象的导入和编辑

知识点和技能

在 Photoshop CS6 中，我们除了可以生成基本的三维形状外，还可以直接导入一些现成的 3D 素材，譬如 3D Studio 的 3ds 格式文件、Collada 的 DAE 格式文件，以及 GoogleEarth 的 KMZ 格式文件等。这就使得 Photoshop 与其他多媒体软件更加有机地结合了起来，用户可以充分利用和发挥各种软件的各自特点，制作出更好的平面设计作品。

范例——"沙发广告"设计制作

设计结果

本例我们尝试着用 Photoshop CS6 的 3D 图像处理功能来制作我们的家具广告宣传画。

项目效果如右图所示（参见下载资料"第 8 章\第 3 节"文件夹中的"沙发广告.psd"）。

设计思路

首先打开作为背景的图像素材，然后执行"3D(D)/从文件新建3D图层"命令，导入事先准备好的3D素材。对该3D对象进行旋转、环绕、缩放、替换材质操作。然后通过3D面板，对该3D素材进行光源调整以及光源色彩和强度的调整。最后，通过建立文字层，完成整个家具沙发广告的制作。

范例解题导引

Step 1

首先打开素材图像，将 3ds 格式的三维素材导入到图像中。

（1）打开下载资料"第8章\第3节"文件夹中的"SC8－3－1.jpg"，如左图所示。

（2）执行"3D(D)/从文件新建3D图层"命令，打开下载资料"第8章\第3节"文件夹中的"SC8－3－2.3ds"，如左图所示。

（3）选择"移动工具"，在"3D模式"栏内用"移动3D工具"将该3D素材移动到下方，并适当利用"旋转3D工具"和"环绕3D工具"调整沙发模型视角，使用"缩放3D对象"工具适当调整3D素材大小，如左图所示。

下面的操作是对 3D 图像进行材质替换。

（1）在 3D 面板中单击"显示所有材质"按钮，如右图所示。

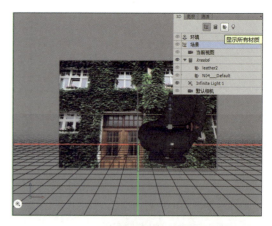

■ 小贴士

3D 面板可通过执行"窗口/3D"命令使其被打开或关闭。

（2）双击 Default 左侧的图标，单击"材质"右边的下拉列表，可观察到预设的不同材质，如右图所示。

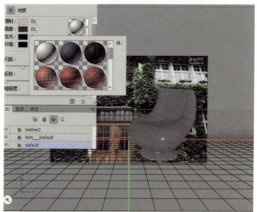

（3）选择列表中的"红木"材质，使用"3D 材质拖放工具"在图上单击，即可替换原图材质，效果如右图所示。

Step 3

接下来我们要改变图像光源颜色以及光源强度，并且为该图像添加一些广告词。

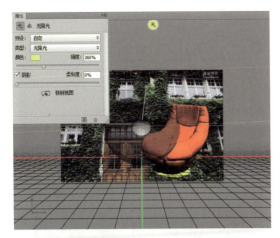

（1）在 3D 面板中单击"显示所有光照"按钮，在"属性"面板中将光照颜色设置为"黄色"，并调整"强度"约为 260%，如左图所示。

（2）在工具箱中选择"横排文字工具"，在文字属性栏中设置字体为华文琥珀，大小为 160 点，浑厚，文字颜色为白色。

（3）输入文字"喜梦沙发居家首选"，设置字形为波浪形，如左图所示。

（4）适当调整文字在图像中的位置，执行"图层/图层样式/投影"命令，在"图层样式/投影"对话框中，设置距离为 50 像素、大小为 20 像素。设置文字图层的"斜面和浮雕"样式，如左图所示。

（5）将作品存储为"沙发广告.jpg"。

 范例项目小结

在本范例项目中，我们共进行了以下这样一些操作：打开事先准备好的背景图像素材，通过"从 3D 文件新建图层"命令将现有的 3D 素材导入，成为 3D 图层；通过 3D 工具，我们对导入的 3D 素材进行任意角度的旋转、滚动、移位、缩放；我们还替换了 3D 素材的材质并利用不同颜色的光照效果对图像进行了渲染。

小试身手——制作"卡通小熊"3D图像

路径指南

本例作品参见下载资料"第8章\第3节"文件夹中的"卡通小熊.psd"文件,需要的图像素材为下载资料"第8章\第3节"文件夹下的"SC8-3-3.3ds"和"SC8-3-4.jpg"。

设计结果

制作完成的效果如右图所示。

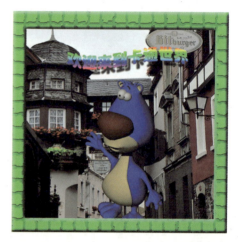

设计思路

本设计的解题方案是为3D模型更换颜色及角度,并通过制作镜框和书写广告词语,制作出一个旅游宣传画的效果。其他设计步骤基本可参照范例。

操作提示

(1)打开下载资料"第8章\第3节"文件夹中的"SC8-3-3.3ds",如右图所示。

(2)分别选中工具栏中的"旋转3D对象工具"和"环绕3D对象工具",对该3D对象进行拖动,结果如右图所示。

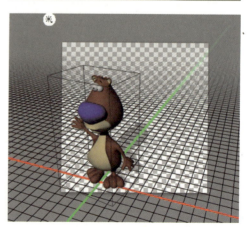

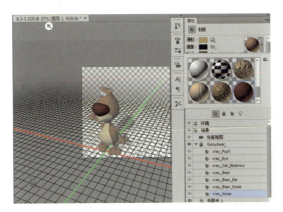

（3）打开 3D 面板，选择 vray_Nose，在材质列表中选择"红木"，将小熊的鼻子改为浅棕色，如左图所示。

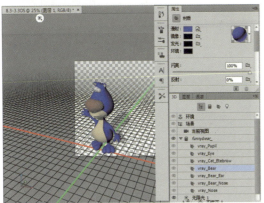

（4）选择 vray_Bear，将"属性-材质"栏的内的"漫射"颜色修改为蓝色，此时，小熊全身穿上了蓝色外套，如左图所示。

（5）切换到"图层"面板，打开下载资料"第 8 章\第 3 节"文件夹中的"SC8－3－4.jpg"。

（6）执行"窗口/排列/双连水平"命令，使两个图像上下排列。

（7）将图像"SC8－3－4.jpg"合成到小熊图像中，形成"图层 2"。

（8）将小熊图层移动到上面，调整"图层 2"风景照片的大小，并且适当调整小熊的位置，如左图所示。

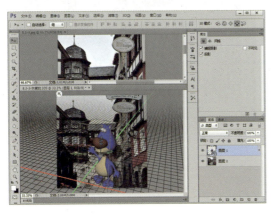

（9）关闭"SC8－3－4.jpg"，新建"图层 3"。

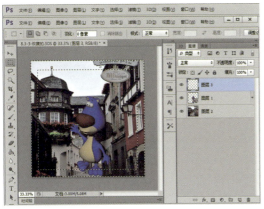

（10）在"图层 3"中用"矩形选框工具"绘出一矩形选区，并执行"选择/反向"命令反选，如左图所示。

（11）将前景色设置为绿色（R：76；G：245；B：84），使"油漆桶工具"填充选区。

平面设计 Photoshop CS6

（12）取消选区，执行"滤镜/滤镜库/纹理/马赛克拼贴"命令，设置"拼贴大小"为 50，"缝隙宽度"为 10，"加亮缝隙"为 5，结果如右图所示。

（13）执行"图层/图层样式/斜面和浮雕"命令，设置"深度"为 150％，"大小"为 15 像素，"软化"为 10 像素。

（14）在工具箱中选择"横排文字工具"，在文字属性栏中设置字体为华文琥珀，大小为 72 点，浑厚，文字颜色为白色。输入文字"欢迎来到卡通世界"，设置字形为波浪形，如右图所示。

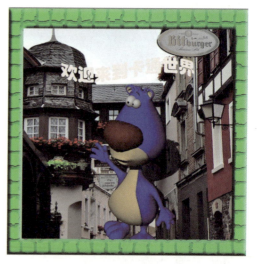

（15）对文字层执行"图层/图层样式/渐变叠加"命令，选择"色谱"，如右图所示。

（16）进一步对文字层设置"投影"的图层样式，投影角度为 128 度，距离 28 像素，大小 5 像素，将作品存储为"卡通小熊.jpg"。

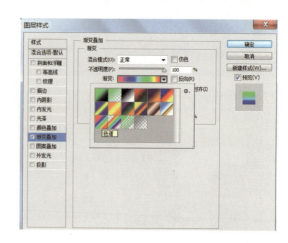

第四节　3D 动画制作

在 Photoshop CS6 的"时间轴"面板中,除了原有的"位置"、"不透明度"、"样式"的效果选项之外,当被制作动画的素材为 3D 材质时,在时间轴面板中还新增了"3D 场景位置"、"3D 相机位置"、"3D 渲染设置"、"3D 横截面"、"3D 光源"、"3D 材质"以及"3D 网格"选项。利用这些选项,我们可以像制作二维动画那样,利用 3D 材质制作效果更佳的 3D 动画。

范例——"让我们玩海去"动画制作

设计结果

在之前的章节中,我们已经学习了二维动画的制作方法,我们也体验到了 Photoshop CS6 强大的 3D 图像制作功能。现在,我们将把这两者结合起来,制作一个 3D 动画。

本项目效果如左图所示(参见下载资料"第 8 章\第 4 节"文件夹中的"让我们玩海去.gif")。

设计思路

本项目的关键在于 3D 素材的图像在"时间轴"面板的使用。

范例解题导引

> **Step 1**
>
> 首先我们导入制作动画背景的素材及制作 3D 图像的素材。

（1）打开下载资料"第 8 章\第 4 节"文件夹中的"SC8 - 4 - 1.jpg",如左图所示。

（2）打开下载资料"第 8 章\第 4 节"文件夹中的"SC8-4-2.jpg"，并执行"窗口/排列/双联水平"命令，如右图所示。

（3）将素材"SC8-4-2.jpg"拖曳到图像"SC8-4-1.jpg"中，形成"图层 1"。

（4）关闭图像"SC8-4-2.jpg。"

（5）执行"编辑/变换/缩放"命令，调整"图层 1"的大小，使其大小与背景图层大致相同，如右图所示。

Step 2

接下来的任务是添加广告词并将其中一个素材转换为 3D 图像。

（1）利用文字工具，输入行楷、60 点、波浪形文字"让我们玩海去"。并将该文字层的图层样式设置为"透明彩虹渐变"。

（2）选择"图层 1"，执行"3D/从图层新建网格/网格预设/圆环"命令，将其转换为 3D 图像，结果如右图所示。

下面,我们将制作 3D 动画。

（1）执行"窗口/时间轴"命令,在"时间轴"面板中单击"创建时间轴动画",如左图所示。

（2）在"时间轴"面板中单击"图层 1"左侧的三角形,展开"图层 1"列表。

（3）在"图层 1"的下拉列表中,选择"3D 相机位置",此时在时间轴上出现一个游标及一个黄色菱形的关键帧标志,如左图所示。

（4）调整文字层、3D 素材层及背景图层的长度,使其长度大约为 0:00:01:00。在"时间轴"面板中,用鼠标将"设置工作区域的结尾"滑块拖曳到 20f 位置,单击"3D 场景位置"左侧的黄色滑块,使得在 20f 处也增加了一个游标,用"旋转 3D 对象"工具将圆环适当旋转。

（5）在"时间轴"面板中,用鼠标将"设置工作区域的结尾"滑块拖曳到末尾位置,单击"3D 场景位置"左侧的黄色滑块,使得在末尾处也增加了一个游标,用"旋转 3D 对象"工具将圆环适当旋转,结果如左图所示。

（6）执行"文件/存储为 Web 所用格式"命令,在弹出的对话框中选择 Gif 格式,循环选项设置为永远,图像大小设置为 50%。单击"存储"按钮,将作品存储为"让我们玩海去. gif"。

　　在本范例项目中,我们综合应用了前面章节所学习的制作 3D 图像以及制作动画的技术。在"时间轴"面板中,针对特定的图层进行关键帧的设置,而 3D 素材的应用,使得动画制作更增添了相机位置、场景位置、介质等多方面的变化手段。

小试身手——"快乐的小卡卡"动画制作

路径指南

　　本例作品参见下载资料"第 8 章\第 4 节"文件夹中的"快乐的小卡卡.psd"文件,需要的图像素材为"第 8 章\第 4 节"文件夹中的"SC8－4－3.jpg"和"SC8－4－4.3ds"。

设计结果

　　一个可爱的卡通小熊"小卡卡"从公路远处慢慢向我们走来,然后摆了一个得意的 pose,展示它肥嘟嘟的小肚皮。

　　本项目设计结果如右图所示。

设计思路

　　导入 3ds 素材文件,在时间轴上产生位置、不同大小、不同角度的"关键帧",使得画面在几个关键帧之间变化,形成动画效果。

操作提示

　　(1)打开下载资料"第 8 章\第 4 节"文件夹中的"SC8－4－3.jpg",如右图所示。

　　(2)输入文字"快乐的小卡卡",字体为行楷、白色、60 点。

（3）执行"图层/图层样式/渐变叠加"命令，选择"蓝-红-黄"渐变，效果如左图所示。

（4）执行"3D/从文件创建 3D 图层"命令，打开下载资料"第 8 章\第 4 节"文件夹中的"SC8 - 4 - 4.3ds"，如左图所示。

（5）利用"缩放 3D 对象工具"及"拖动 3D 对象工具"，将 3D 素材适当缩小及调整位置，如左图所示。

（6）执行"窗口/时间轴"命令，打开时间轴面板，选择"创建视频时间轴"。

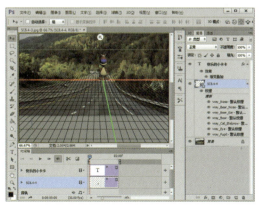

（7）在时间轴上分别将文字层"快乐的小卡卡"及"SC8 - 4 - 4.3ds"都向左拖曳，使它们都在 02：00f 处结束，如左图所示。

（8）在图层"SC8 - 4 - 4.3ds"的下拉列表中，选择"3D 相机位置"，此时在时间轴上出现一个游标及一个黄色菱形的关键帧标志。

（9）将游标拖曳到 01：00f 处，单击"3D 相机位置"左侧的黄色滑块，使得在01：00f 处也增加了一个游标，用"缩放 3D 对象"工具将卡通人物适当放大，结果如右图所示。

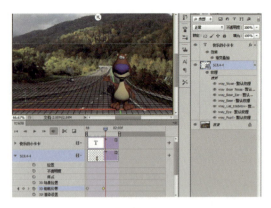

（10）将游标拖曳到 02：00f 处，单击"3D 相机位置"左侧的黄色滑块，使得在02：00f 处也增加了一个游标，用"旋转 3D 对象工具"和"拖动 3D 对象工具"将卡通人物适当旋转和移动，结果如右图所示。

（11）执行"文件/存储为 Web 所用格式"命令，在弹出的对话框中选择 Gif 格式，循环选项设置为永远，图像大小设置为 50%，单击"存储"按钮，将作品存储为"快乐的小卡卡.gif"。

第九章　Photoshop 的自动化操作

在图像处理工作中,我们有时候会对图像进行一些重复的处理工作,如:照片的自动对比度、照片的颜色模式转换、将每张照片更改为标准照片大小等。重复的操作是繁琐而乏味的,有没有办法让 Photoshop 自动为我们进行这些重复的工作呢? PhotoShop 为我们提供了这个方便,那就是"动作"。当我们使用"动作"命令时,一系列重复的工作就可以自动地批处理执行,这就是所谓的"自动化操作"。

第一节　调用现有动作和修改现有动作

知识点和技能

所谓"动作",实际上是由自定义的操作步骤组成的批处理命令,它会根据你定义操作步骤的顺序逐一显示在"动作"面板中,这个过程我们称之为"录制"。以后需要对图像进行此类重复操作时,只需把录制的动作"搬"出来,按一下"播放",一系列的动作就会应用在新的图像中了。

大多数命令和工具操作都可以记录在动作中。动作可以包含停止,使我们可以执行无法记录的任务(如:使用绘画工具等)。动作也可以包含模态控制,使我们可以在播放动作时在对话框中输入值。动作是快捷批处理的基础,快捷批处理是可以自动处理拖移到其图标上的所有文件的小应用程序。

Photoshop 和 ImageReady 都附带了许多预定义的动作,我们可以按原样使用这些预定义的动作,也可以根据自己的需要来制定它们,或者创建新动作。

范例——制作"川藏风光"、"湖畔"图像效果

设计结果

当有若干个不同的图片却有着相似的操作要求时,如何简化这些繁复的编辑工作呢? 通过范例我们理解和掌握动作这个概念,并运用动作来完成我们的工作。

本项目效果如左图和下页右图所示(参见下载资料"第 9 章\第 1 节"文件夹下的"川藏风光.psd"和"湖畔.psd")。

平面设计 Photoshop CS6

设计思路

　　首先调用 Photoshop CS6 自带的默认动作,选择其中比较适合我们任务的一项。然后通过录制新操作步骤对其进行修改。最后将修改后的动作应用到我们的编辑对象图片中。

范例解题导引

> **Step 1**
>
> 　　我们首先观察 Photoshop 有哪些预设的动作。

　　(1) 打开下载资料"第 9 章\第 1 节"文件夹中的"SC9 - 1 - 1. jpg",如右图所示。

　　(2) 执行"窗口/动作"命令,打开"动作"面板。展开"默认动作",可以看到如右图所示的预设动作。

　　(3) 我们选择"默认动作"中的"木质画框"并将其展开,可以看到该"动作"中包含了"建立快照"、"转化模式"、"复位色板"、"设置选区"等一系列操作命令,如右图所示。

Step 2

下面我们运用刚才选定的预设动作对素材图像进行自动化处理。

（1）选中"木质画框"动作，单击"动作"面板下方的"播放选定的动作"按钮。此时"动作"开始自动逐条执行命令，如左图所示。

■ 小贴士

当动作中的操作含有对话框时，会弹出对话框等待确认。而当动作由一些直接命令构成时，则会自动顺序执行，无需干涉。

（2）当动作执行完毕，可以看到图像处理已完成。整个图像四周环绕着木质的边框，如左图所示。

Step 3

接下来我们对图像进行调整，并把我们的操作记录下来，作为刚才动作的修改补充。

（1）选中"木质画框"动作中的最后一项"设置选区"，单击"动作"面板下方的"开始记录"按钮，如左图所示。此时，我们所做的所有操作 Photoshop 都会记录下来，并生成步骤，以后就可以自动重复这些步骤了。

平面设计 Photoshop CS6

（2）执行"图像/图像大小"命令，在"图像大小"对话框中设置宽为 480 像素，高为 320 像素，如右图所示。注意：此时的"开始记录"按钮为红色，表示正在记录。

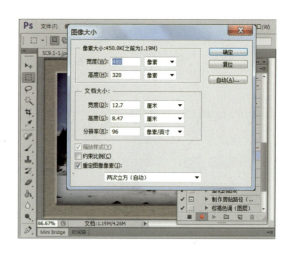

（3）我们可以看到，刚才的调整大小操作已被记录，在命令序列中已增加了一个"图像大小"。再执行"图像/图像旋转/水平翻转画布"命令，如右图所示，则此命令亦被记录下来。

（4）执行"滤镜/渲染/镜头光晕"命令，如右图所示，此命令亦被记录下来。

（5）单击"动作"面板下方的"停止播放/记录"按钮。

Step 4
接下来我们要对另一幅图像重复刚才的编辑。

（1）保存刚才编辑的图片为"川藏风光.psd"和"川藏风光.jpg"并关闭。打开下载资料"第9章\第1节"文件夹中的"SC9－1－2.jpg"，如左图所示。注意：该素材图片的原始尺寸为670×503像素。

（2）打开"动作"面板，选择刚才运用并修改过的"木质画框"动作。可以发现在该动作中已经增加了三个操作"图像大小"、"翻转第一文档"和"镜头光晕"，如左图所示。

（3）选择"木质画框"动作，单击"动作"面板下方的"播放选定的动作"按钮。此时动作开始自动逐条执行命令。

（4）将编辑结果保存为"湖畔.jpg"并关闭。

 范例项目小结

在本范例项目中，我们完成了这样一些任务：首先我们了解了什么是动作和动作的作用；然后我们还学习了如何选择和运用 Photoshop 所提供的"默认动作"并对其进行修改，这里还包括了如何录制我们自己的动作命令。通过对两个不同图片的编辑操作，我们可以体会到动作在图像编辑中给我们带来的方便。

小试身手——"草原-牦牛"、"幡"效果制作

路径指南

本例作品参见下载资料"第9章\第1节"文件夹中的"草原-牦牛.psd"和"幡.psd"文件，需要的图像素材为"第9章\第1节"文件夹中的"SC9－1－3.jpg"和"SC9－1－4.jpg"。

设计结果

制作完成的效果如右图和右二图所示。

设计思路

本设计的解题方案可以模仿范例项目。首先运用默认动作中的"画框通道－50 像素"动作,然后再添加新的操作命令。

操作提示

(1)打开下载资料"第 9 章\第 1 节"文件夹中的"SC9－1－3.jpg",如右图所示。

(2)执行"窗口/动作"命令,打开"动作"面板,选中"画框通道－50 像素"动作,单击"动作"面板下方的"播放选定的动作"按钮,如右图所示。

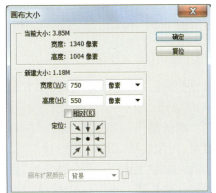

（3）当动作中的最后一条命令即"选择 RGB 通道"执行完毕后，图像的编辑效果如左图所示。

（4）接下来我们要对这个动作添加一些操作命令，我们还是仿照范例用录制的方法进行。

（5）选中"画框通道－50 像素"动作中的最后一项"选择 RGB 通道"，单击"动作"面板下方的"开始记录"按钮。开始记录我们新添加的动作命令。

（6）取消选区，双击背景图层，将其转换为"图层 0"。

（7）用"矩形选框工具"拖曳出一矩形选区。

（8）添加图层蒙版，执行"滤镜/滤镜库"命令，选择"画笔描边/喷溅"，适当调整"喷色半径"和"平滑度"，执行后结果如左图所示。

（9）在"图层"面板中单击"创建新图层"按钮，创建"图层 1"。将前景色设置为白色，并用"油漆桶工具"填充。将"图层 1"拖曳到"图层 0"下方，如左图所示。

（10）执行"图像/画布大小"命令，将画布大小设置为 750×550（像素），如左图所示。

（11）设置前景色为 R：71、G：68、B：68，用"油漆桶工具"涂满选区。

（12）执行"滤镜/杂色/添加杂色"命令，如右图所示。

（13）选择"图层 0"，执行"图层/图层样式/斜面和浮雕"命令，如右图所示。

（14）停止动作的记录。

（15）将作品存储为"草原-牦牛.psd"和"草原-牦牛.jpg"并关闭。

（16）打开下载资料"第 9 章\第 1 节"文件夹中的"SC9－1－4.jpg"，如右图所示。使用刚才编辑的"画框通道－50 像素"动作进行处理。

（17）将作品存储为"幡.psd"和"幡.jpg"并关闭。

第二节　动作的管理和自动化

知识点和技能

动作是为了简化一些重复工作而创立的一种图像处理功能。关于动作，有三个方面的基本内容：

一、内置动作：打开开动作面板，首先看到的是一个"默认动作"，当单击"动作"面板的扩展按钮后，将能看见一系列的 PS 预置动作，如：画框、流星、图像效果、LBA－黑白技术等。

二、录制动作：动作功能最大的作用其实是录制动作。当我们记录了一个动作后，便可以将包含该动作的序列保存起来，这样，即使我们以后重新安装了 Photoshop，仍然可以把自己制定的动作取出再次使用。

三、外挂动作：在网上可以下载一些以 ATN 为后缀的动作文件。它们通常是由一些爱好者制作的供人使用的外挂动作。

范例——制作"高原"图像效果

设计结果

利用载入的内置动作序列以及我们自己创建的动作，快速有效地对图片进行操作，可以实现图像边框的美化编辑。利用"批处理"方法快速而统一地对一批大小各异的图像文件进行修改。

本项目效果如左边两幅图所示（参见下载资料"第 9 章\第 2 节"文件夹中的"高原.psd"）。

设计思路

首先加载并调用 Photoshop 自带内置动作，选择其中比较适合我们任务的一项，应用到我们的编辑对象中。

然后通过"新建"动作并通过 Photoshop 的自动化批处理对一批图像进行统一的编辑处理。

范例解题导引

Step 1

首先我们载入一个内置的"画框"动作集。

（1）打开下载资料"第 9 章\第 2 节"文件夹中的"SC9 - 2 - 1.jpg"，如左图所示。

（2）单击"动作"面板的扩展按钮，在下拉菜单中选择"画框"命令，如右图所示。

■ **小贴士**

Photoshop 除了提供默认动作之外，还提供了许多内置的动作（譬如各种底纹处理、文本和按钮处理等）。

（3）当该内置动作被载入后，可以观察到在下拉的动作列表中除"默认动作"之外又增加了"画框"动作，如右图所示。

Step 2

下面我们运用刚才载入的"画框"动作序列，选择其中的"拉丝铝画框"和"投影画框"两个动作对我们的素材进行编辑。

（1）在"动作"面板中展开刚才载入的"画框"序列，可以观察到其中含有十四项动作，选中其中的"拉丝铝画框"动作并展开，可以观察到该动作由一系列指令构成，如右图所示。单击"动作"面板下方的"播放选定的动作"按钮。

（2）"动作"开始自动逐条执行命令，执行结果如左图所示。

（3）再选中"画框"系列中的"投影画框"动作，单击"动作"面板下方的"播放选定的动作"按钮，执行结果如左图所示。

■ 小贴士

当需要连续执行两个动作时，需要注意动作之间的衔接性。

Step 3

接下来我们对图像进行进一步的编辑。

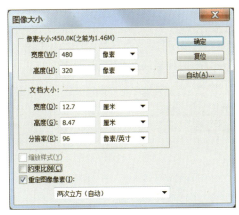

（1）单击"动作"面板下方的"创建新动作"按钮，出现如左图所示对话框，在名称栏内输入"规定图像大小"，在组栏内选择"画框"。单击"记录"按钮后，开始记录，此时，我们所做的所有操作，都会被记录下来，并生成名为"规定图像大小"的动作。

（2）执行"图像/图像大小"命令，在"图像大小"对话框中设置宽为 480 像素，高为 320 像素，如左图所示。注意：此时的"开始记录"按钮为红色，表示正在记录。

（3）再执行"图像/图像旋转/水平翻转画布"命令。单击"动作"面板下方的"停止播放/记录"按钮。此时动作"规定图像大小"完成了记录。

（4）此时可观察到"动作"面板的"画框"序列中，新增了一个名为"规定图像大小"的动作，如右图所示。

（5）将作品存储为"高原.jpg"。

■ 小贴士

保存动作时，必须选中包含该动作的序列。

Step 4

现在，我们要对 Temp 文件夹下的四张大小各不相同的图片做同样的操作。

（1）打开下载资料"第 9 章\第 2 节"文件夹中的 Temp 子文件夹，可以看到其中有四个图片文件，其大小各不相同，如右图所示。

（2）在桌面上新建一个名为"Temp2"的文件夹，然后执行"文件/自动/批处理"命令，弹出如右图所示对话框。

（3）在"组"栏内选择"画框"，在"动作"栏内选择"规定图像大小"，单击"源文件夹"下面的"选择"按钮，选择下载资料中的 Temp 文件夹。

（4）单击"目的文件夹"下面的"选择"按钮，选择刚刚建立在桌面上的 Temp2 文件夹。

（5）单击"确定"按钮，此时 Photoshop 自动对 Temp 文件夹中所有的图像进行调整大小和翻转画面的操作动作。

（6）打开桌面上的 Temp2 文件夹，如左图所示。可以发现四个图像文件的大小都被调整为 480×320 像素。打开其中任意一个图像，亦可以发现图像被执行了水平翻转操作。

（7）我们可以再观察一下下载资料中的 Temp 子文件夹，可以发现其中的四个图片文件仍然为原始尺寸，其大小并没有被批处理所改变。

范例项目小结

　　在本范例项目中，我们共进行了以下这样一些操作：载入内置的动作序列；新创建一个"动作"；对新增动作的序列进行了保存；利用"动作"建立了一个"批处理"过程，对指定文件夹中的所有图片按照统一的动作要求进行编辑修改，并将经批处理修改后的图像保存在另一个文件夹中，以保证原始图像文件不被改变。

小试身手——"东岳红霞"图像编辑

路径指南
　　本例作品参见下载资料"第 9 章\第 2 节"文件夹中的"东岳红霞.psd"文件，需要的图像素材为"第 9 章\第 2 节"文件夹下的"SC9－2－2.jpg"。

设计结果
　　制作完成的效果如左图所示。

设计思路
　　本设计的解题方案可以模仿范例项目。

平面设计 Photoshop CS6

（1）打开下载资料"第 9 章\第 2 节"
文件夹中的"SC9 - 2 - 2. jpg"，如右图
所示。

（2）仿照范例，单击"动作"面板的扩
展按钮，载入 Photoshop CS6 内置的"图
像效果"动作系列，如右图所示。

（3）选中"图像效果"系列中的"渐变
映射"动作，单击"动作"面板下方的"播放
选定的动作"按钮。

（4）执行"渐变映射"动作，结果如右
图所示，背景天空布满了红霞。

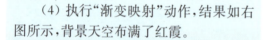

（5）打开"动作"面板中先前加载的内
置动作"画框"系列，选择其中的"前景色
画框"动作，如右图所示。

（6）单击"动作"面板下方的"播放选定的动作"按钮。在执行动作过程中会弹出如左图所示对话框，单击"继续"按钮。

（7）当弹出如左图所示对话框时，再次单击"继续"按钮。

（8）将作品存储为"东岳红霞.jpg"。

第三节　外挂动作的应用

知识点和技能

在 Photoshop CS6 中，除了默认动作、内置动作，我们还可以使用一些外挂动作。

外挂动作是由一些爱好者制作并供人使用的程序文件，我们可以在网上找到并下载许多适合我们应用的以 ATN 为后缀的动作文件。

范例——制作"荷塘"图像效果

设计结果

利用载入的外挂动作序列并加以适当的修改，快速有效地对图片进行美化操作。

本项目效果如左图所示（参见下载资料"第 9 章\第 3 节"文件夹中的"荷塘.psd"）。

设计思路

加载外部动作并进行适当选择，然后将其应用到我们的编辑对象中。

范例解题导引

Step 1

首先我们打开素材图像并载入一个外挂动作"PAA -艺术效果.atn"。

平面设计 Photoshop CS6

（1）打开下载资料"第9章\第3节"文件夹中的"SC9－3－1.jpg"，如右图所示。

（2）单击"动作"面板的扩展按钮，在下拉菜单中选择"载入动作"命令，如右图所示。

（3）当出现如右图所示"载入"对话框后，选择下载资料"第9章\第3节"文件夹中的"PAA－艺术效果.atn"并单击"载入"按钮。此时可以观察到在动作列表中除"默认动作"之外又增加了"PAA－艺术效果.atn"动作。

Step 2

下面我们运用刚才载入的"PAA－艺术效果.atn"动作序列，选择其中的"宣纸画"和"TV条纹－细"两个动作对我们的素材进行编辑。

（1）在"动作"面板中展开刚才载入的"PAA‑艺术效果.atn"动作序列，可以观察到其中含有31项动作，如左图所示。

（2）选择其中的"宣纸画"动作，单击"动作"面板下方的"播放选定的动作"按钮。此时"宣纸画"动作开始自动逐条执行命令，执行结果如左图所示。

■ 小贴士

并不是所有的外挂动作都适合用来处理我们的素材图像，选择外挂动作时需根据素材特点选择合适的动作。

（3）选择"PAA‑艺术效果.atn"动作序列中的"TV条纹‑细"动作，单击"动作"面板下方的"播放选定的动作"按钮。执行结果如左图所示。

（4）将作品存储为"荷塘.jpg"

 范例项目小结

在本范例项目中，我们已经体会到了那些外挂动作带给我们在编辑图像过程中的巨大帮助。当然我们在使用这些外挂动作时也了解到虽然外挂动作丰富多样，但要找到适合我们素材以及适合我们所要表达的主题意境的动作，还是需要经过挑选甚至经过一些相应的修改。

小试身手——"空谷幽然"版画效果编辑

路径指南

　　本例作品参见下载资料"第9章\第3节"文件夹中的"空谷幽然.psd"文件,需要的图像素材为"第9章\第3节"文件夹下的"SC9-3-2.jpg"。

设计结果

　　制作完成的效果如右图所示。

设计思路

　　本设计的解题方案可以模仿范例项目。

操作提示

　　(1) 打开下载资料"第9章\第2节"文件夹中的"SC9-3-2.jpg",如右图所示。

　　(2) 仿照范例,单击"动作"面板的扩展按钮,执行"载入动作"命令,将素材文件夹中的"PAA-数码渲染.atn"动作系列载入。

　　(3) 展开该"数码渲染"动作,可以观察到在此系列中,包含6个大类动作,属于比较丰富的外挂动作,如右图所示。

　　(4) 我们选择第4大类"艺术效果"中的第(9)项"版画人物"动作,单击"动作"面板下方的"播放选定的动作"按钮。

平面设计 Photoshop CS6

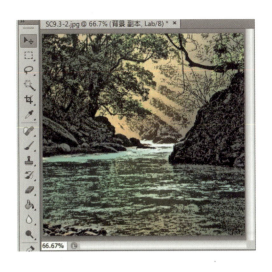

（5）执行"版画人物"动作，结果如左图所示，此时画面呈现版画艺术效果。

（6）再次选择该系列动作中的第 2 大类"制作边框"中的第（4）项"黑底半透明"动作，单击"动作"面板下方的"播放选定的动作"按钮。

（7）当弹出如左图所示"画布大小"对话框时，你可以干预动作的执行，改变画布的大小，单击"确定"按钮。

（8）如果你的画布大小与动作设定的参数有出入，则可能弹出如左图所示的剪切提示信息。

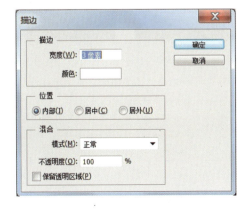

（9）最后，弹出如左图所示的"描边"对话框，你可以根据需要，设置画框边宽的大小。

（10）将作品存储为"空谷幽然. tif"。

第四节　全景图和图像处理器

知识点和技能

在拍摄风景照片时,我们经常被大自然所陶醉,目光所至到处是风光秀丽,只可惜即使我们用再大的广角照相机也无法一下子摄入全部的美景,通常只能采取分段拍摄的方法把我们的所见所闻记录下来。

利用 Photomerge CS6 的"合成图像"功能,可以帮助我们来弥补这一缺憾,当指定了那些分段拍摄的源文件后,系统会自动汇集并产生全景图。而且,在汇集了全景图后,如有必要,我们还可以微调个别照片的位置。

范例——"九如山全景图"制作

设计结果

本项目效果如上图所示(参见下载资料"第 9 章\第 4 节"文件夹中的"九如山全景图.psd")。

设计思路

利用 Photoshop CS6 的 Photomerge 功能,将分别摄制的几个系列图像(如右图所示)进行合成,使之成为全景图,以达到一般情况下拍摄所无法达到的艺术效果。

范例解题导引

> **Step 1**
> 首先我们打开分段拍摄的四张素材照片。

（1）执行"文件/自动/Photomerge"命令，单击"浏览"按钮，选择下载资料"第9章\第4节"文件夹中的"SC9－4－1.jpg"～"SC9－4－4.jpg"四个素材图像文件并打开，如左图所示。

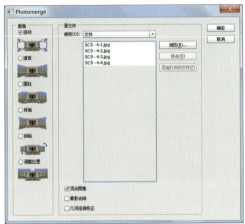

（2）Photomerge 对话框中的"版面"提供了多种照片拼合后带版面效果供选择。可以对图像进行"自动"、"透视"、"圆柱"、"拼贴"等版面设置。我们选择"自动"版面，如左图所示。

■ 小贴士

可以打开指定的文件，也可以事先把素材放到一个文件夹中，然后在 Photomerge 对话框中选择"使用文件夹"。

（3）Photomerge 对话框中还提供了"混合图像"、"晕影去除"和"几何扭曲校正"的选项，我们将这些选项都勾选，如左图所示。

（4）执行 Photomerge 后，自动产生一个混合图层，如左图所示。

Step 2

下面我们用常规的方法继续对其进行编辑、修整。

（1）执行"图层/拼合图像"命令，并新建"图层1"。

（2）用"矩形选框工具"，拖曳出一矩形选区，然后执行"选择/反向"命令，作出一矩形环状选区，如右图所示。

（3）将前景色设置为白色，用"油漆桶工具"填充选区，并执行"滤镜/杂色/添加杂色"命令，设置"数量"为30％，如右图所示。

（4）执行"图层/图层样式/斜面和浮雕"命令。

（5）将作品存储为"九如山全景图.jpg"。

范例项目小结

在本范例项目中，我们已经体会到了 Photomerge 在图像合成中的方便。对于分段拍摄的图像合成，Photoshop 的这一功能确实有它的独到之处。它等于是用一条命令"自动化"地替代了我们用常规方法解决此类问题所需要的许多烦琐操作。

需要注意的是，在 Photomerge 命令中素材大小最好能事先调整为基本大小一致。

小试身手——处理一组风景图像的大小

路径指南

本例作品所需素材为下载资料"第 9 章\第 4 节"文件夹下的"SC9－4－5.jpg"～"SC9－4－8.jpg"。

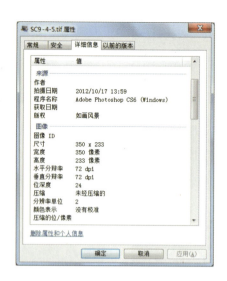

(8) 右击图像，在图像属性对话框中，我们可以观察到图像的格式、版权、大小、压缩率等有关信息，如右图所示。

第五节　制作 PDF 文件和 Web 画廊

知识点和技能

便携文档格式（PDF）是一种灵活的、跨平台、跨应用程序的文件格式。基于 PostScript 成像模型，PDF 文件精确地显示并保留字体、页面版式以及矢量和位图图形。另外，PDF 文件可以包含电子文档搜索和导航功能（如：电子链接）。

使用 Adobe Output Module 脚本，我们可以在 Adobe Bridge 中创建 Adobe PDF 演示文稿。PDF 演示文稿允许我们使用多种图像为幻灯片放映演示文稿创建多页面文档。我们可以设置 PDF 中的图像质量选项，指定安全性设置，并设置在 Adobe Acrobat 的全屏模式中自动打开文档。还可以将文件名以文本叠加形式添加在 PDF 中的每个图像下方。

Web 照片画廊是一个 Web 站点，它具有一个包含缩览图图像的主页和若干包含完整大小图像的画廊页。每页都包含链接，使访问者可以在该站点中浏览。例如，当访问者点按主页上的缩览图图像时，关联的完整大小图像便会载入画廊页。使用"Web 照片画廊"命令可依据一组图像自动生成 Web 照片画廊。

范例——"高原牧场"PDF 文件制作

设计结果

本项目效果如右图所示（参见下载资料"第 9 章\第 5 节"文件夹中的"高原牧场.pdf"）。

设计思路

事先准备好一组图像，然后利用 Photoshop Bridge 制作我们的 PDF 演示文档。

（1）执行"文件/在 Bridge 中浏览"命令，切换到 Bridge 窗口，如左图所示。

（2）单击"文件夹"按钮，打开下载资料"第 9 章\第 5 节"文件夹，可以观察到其中的素材图像。

（3）执行"窗口/工作区/输出"命令，打开"输出"面板，如左图所示。

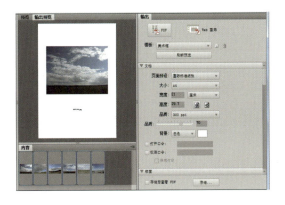

（4）在"输出"面板中选择"PDF"。从"模板"菜单中选择一个版面选项，在本例中我们选择"美术框"模板。在"内容"面板中选择了文件夹中的素材之后，单击"刷新预览"可在"输出预览"面板中查看预览效果，如左图所示。

■ 注

"输出预览"面板仅显示一页 PDF。

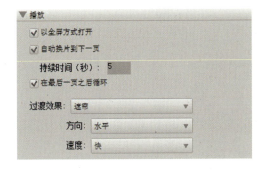

（5）在"输出"面板的"播放"栏中，我们选择"持续时间"为默认的 5 秒；选择"在最后一页之后循环"使得 6 张图片循环重复播放；在"过渡效果"栏中，选择水平遮帘，如左图所示。

平面设计 Photoshop CS6

（6）在"水印"区域中，我们输入水印文字"高原牧场"，字体为华文新魏、大小60 pt、颜色为白色、"不透明度"为80％，如右图所示。

（7）单击"存储"按钮，将文件存储为"高原牧场.pdf"。

（8）当存储完成后，出现如右图所示对话框，点击"确定"即可。

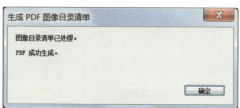

 范例项目小结

在本范例项目中，我们初步学习了利用 Adobe Bridge 创建和编辑 PDF 演示文稿；知道了可以选择不同的 PDF 模板、设置不同的播放效果。

小试身手——"风情小镇"画廊站点设计

路径指南

本例作品参见下载资料"第9章\第5节"文件夹中的"风情小镇"网页站点。

设计结果

编辑完成的效果如右图所示。

设计思路

Photoshop CS6 的 Web 画廊功能卓越且操作十分方便，亦是属于 Bridge 模块中的一个功能，对于希望尝试制作一个图像浏览网站而又对于网站技术不太熟悉的人来说，这不失为一个简单便捷的方法。

操作提示

（1）执行"文件/在 Bridge 中浏览"命令，在输出窗口中选择"Web 画廊"选项，如左图所示。

（2）源图像使用"文件夹"，选择下载资料"第 9 章\第 5 节\Web"中所有图像文件。

（3）在"模板"栏中选择"左侧连环缩览幻灯胶片"；从"样式"下拉式菜单中选取"中缩览图"，单击"在浏览器中预览"按钮，自动启动浏览器窗口，可观察到相应的效果，如左图所示。

（4）将画廊标题改为"风情小镇"，画廊题注为"我的照片"并，在"你的姓名"栏内输入作者姓名，如左图所示。

（5）在"创建画廊"栏内选择"存储位置"为桌面，将画廊名称设置为"风情小镇"，单击"存储"按钮。

（6）当存储完成后，显示如左图所示对话框，点击"确定"即可。